いちばんやさしい

Vue.js
入門
教室

大津 真 [著]

ソーテック社

本書ご利用にあたっての注意事項

- 本書中の会社名や商品名は、該当する各社の商標または登録商標です。本書中では™および®©は省略させていただきます。
- 本書の内容は執筆時点においての情報であり、予告なく内容が変更されることがあります。また、本書に記載されたURLは執筆当時のものであり、予告なく変更される場合があります。本書の内容の操作によって生じた損害、および本書の内容に基づく運用の結果生じたいかなる損害につきましても株式会社ソーテック社とソフトウェア開発者/開発元および著者は一切の責任を負いません。あらかじめご了承ください。
- 本書掲載のソフトウェアのバージョン、URL、それにともなう画面イメージなどは原稿執筆時点のものであり、変更されている可能性があります。本書の内容の操作の結果、または運用の結果、いかなる損害が生じても、著者ならびに株式会社ソーテック社は一切の責任を負いません。本書の制作にあたっては、正確な記述に努めていますが、内容に誤りや不正確な記述がある場合も、当社は一切責任を負いません。

はじめに

　Webアプリケーションのユーザインターフェースを効率的に開発するには、使い勝手のよいJavaScriptフレームワークの存在が欠かせません。かつてはjQueryがその代表でしたが、Webアプリケーションが大規模化し、さらにはシングルページアプリケーションのような1つのWebページで完結するアプリケーションが一般的になるにつれ、よりモダンなJavaScriptフレームワークが求められてきました

　現在、ポストjQueryの御三家と言えるJavaScriptフレームワークは、React、Angular、そして本書で解説するVue.jsでしょう。
　その中でもっとも後発であるVue.jsは、学習コストの低さで定評があるフレームワークです。HTML5、CSS、そしてJavaScript（ES5：ECMAScript 5th Edition）の基礎を知っていればすぐに学習を始められます。

　本書は、シンプルなサンプルを通して、Vue.jsによるWebアプリケーション作成の基礎を学んでいく解説書です。初期段階では、CDN経由でVue.jsのフレームワークを読み込むことによって、特別な開発環境なしに学習を始められます。また、サンプルも、おみくじ、ToDoリスト、お絵かきソフト、スライドショー、Web APIを使用したYouTube検索アプリなど、楽しみながら学習できるように配慮したつもりです。
　最後のChapterでは、Node.jsベースのコマンドラインツール「Vue CLI 3」を使用した本格的なVueアプリケーション作成の基礎について解説しています。コマンドライン操作に加えて、Node.jsのモジュール管理や、Webpack、Babelなど最新のJavaScript開発環境の知識が必要になりますが、できるだけ丁寧に解説していますので、ぜひトライしていただきたいと思います。

　最後に、本書が、読者の皆様のVue.jsフレームワークを使用したオリジナルのWebアプリケーション開発の手助けになればと願っております。

2019年春
著者記す

CONTENTS

はじめに …………………………………………………………………… 3
サポートサイトについて ………………………………………………… 7
長いプログラムの表記について ………………………………………… 8

Chapter 1

Vue.jsってどんなフレームワーク？

Lesson 1-1	Vue.jsの世界へようこそ …………………………………… 10
Lesson 1-2	Vueアプリケーションの開発に必要なものは ………………… 18
Lesson 1-3	操作しながらVueアプリの動きを見てみよう ………………… 24
	COLUMN 「CDN」とは ……………………………………… 25
	COLUMN オブジェクトリテラル ……………………………… 37
Lesson 1-4	マウスのクリックやユーザの入力を処理しよう ……………… 39
	COLUMN Vueアプリケーションのデバッグに便利な「Vue.js Devtools」 …………………………………………… 52

Chapter 2

いろいろなデータバインディング

Lesson 2-1	HTMLコンテンツにデータをバインドする ……………………… 56
Lesson 2-2	HTMLの属性をバインドする …………………………………… 68
Lesson 2-3	スタイルとクラスのバインド …………………………………… 77
	COLUMN キャメルケースとケバブケース ……………………… 80
Lesson 2-4	処理した値を戻す算出プロパティ ……………………………… 93

Chapter 3

条件分岐と繰り返し

- **Lesson 3-1**　v-if、v-showディレクティブで要素をオン／オフする……108
- **Lesson 3-2**　v-forで繰り返し……117

Chapter 4

フォームのいろいろな要素の取り扱い

- **Lesson 4-1**　v-onディレクティブでイベントを処理する……138
- **Lesson 4-2**　v-modelディレクティブを活用しよう……154
  - **COLUMN**　v-onとv-bindでv-modelと同様の動作をさせる……160
- **Lesson 4-3**　todoリストを作ろう……174
  - **COLUMN**　デベロッパーツールでローカルストレージを確認する……187
  - **COLUMN**　ライフサイクル関数……189
- **Lesson 4-4**　お絵かきアプリを作ろう……190

Chapter 5

フィルタ、アニメーション、コンポーネントを使う

- **Lesson 5-1**　フィルタ機能を利用する……206
- **Lesson 5-2**　アニメーション機能を活用する……216
- **Lesson 5-3**　カスタムコンポーネントを活用する……237
  - **COLUMN**　Vue.js Devtoolsによるカスタムイベントの確認……256
  - **COLUMN**　ローカル登録のコンポーネントを入れ子にする場合の注意点……189
- **Lesson 5-4**　スライドショーを作ろう……262

Chapter 6

Web APIを使用したアプリの作成

- Lesson 6-1　axiosライブラリによるAjax通信について ……………274
- Lesson 6-2　YouTube動画検索アプリの作成 …………………………288
  - COLUMN　GitHubについて ……………………………………302

Chapter 7

Vue CLI 3によるアプリケーション開発

- Lesson 7-1　Vue CLI 3を使ってみよう …………………………………304
- Lesson 7-2　既存アプリのシングルファイルコンポーネント化……324
- Lesson 7-3　Vue RouterとVuexを使ってみよう ……………………334

INDEX ………………………………………………………………………349

サポートサイトについて

　本書に掲載しているサンプルプログラムは、書籍サポートサイトからダウンロードできます。下記URLへアクセスしてください。

　ダウンロードの際には、圧縮ファイルの展開・伸長ソフトが必要です。展開ソフトがない場合には必ずパソコンにインストールしてから行ってください。また、圧縮ファイル展開時にパスワードが求められますので、下記のパスワードを入力して展開を行ってください。

書籍サポートサイト
http://www.sotechsha.co.jp/sp/1235/
圧縮ファイルのパスワード（すべて半角英数文字）
12vuejs35

※サンプルコードの著作権はすべて著作者にあります。本サンプルを著作者、株式会社ソーテック社の許可なく二次使用、複製、販売することを禁止します。

※サンプルデータをダウンロードして利用する権利は、本書の購入者のみに限らせていただきます。本書を購入しないでサンプルデータのみを利用することは固く禁止いたします。

※サンプルコードを実行した結果については、著作者および株式会社ソーテック社は、一切の責任を負いかねます。すべてお客様の責任においてご利用くださいますようお願いいたします。

長いプログラムの表記について

　本書に掲載されたプログラムやHTMLのコードのうち一行に収まりきらない場合は、左側に行番号を表示して、論理的に一行であることを明確にしています。例えば次のような長い記述です。

```
1  var app = new Vue({
2      el: '#app',
3      data: {
4          weekdays: ['月', '火', '水', '木', '金', '土', '日']
5      }
6  });
```

　また、キャラクターの会話の中などでコードを表記する場合、一行で表示できない物に関しては、行末に⏎を付けて、次の行と論理的に繋がっていることを表しています。例えば次のような記述です。

できるよ。例えば toGoogle プロパティが 'google.com' の場合、次のように 「v-bind:href」で'http://'と+演算子で連結しても同じ結果になるね。

`<a v-bind:href="'http://' + toGoogle">⏎ Google 検索へ</a>`

Chapter 1

Vue.jsってどんなフレームワーク？

Webアプリケーションが大規模化するにつれて、その開発、保守には扱いやすいフレームワークの存在が欠かせません。本書で解説するVue.jsは、現在もっとも注目を集めているJavaScriptフレームワークの1つです。このChapterでは、まず、Vue.jsの概要と、必要なツールについて説明しておきましょう。その後で、シンプルな例を通してVue.jsの基本的な働きを見ていきます。

Lesson **1-1** Vue.jsの概要を知ろう

Vue.jsの世界へようこそ

本書で解説するVue.jsは、Webアプリケーションのユーザインターフェース部分を開発するためのJavaScriptフレームワークです。まずはその概要について駆け足で説明しましょう。

モダンなJavaScriptフレームワークの御三家といえばReact、Angular、Vue.jsらしいですね。

そうだね。その中でも本書で解説するVue.jsが、もっとも学習のしやすさで定評があるんだ。

そうなんだ。それじゃあ、がんばってマスターしなきゃね！

1-1-1 Vue.jsとは

Vue.jsは、Webアプリケーションのユーザインターフェースを効率的に構築するのに適した、JavaScriptの**フレームワーク**です。

最初のバージョンのリリースは2014年2月ですが、すぐに高機能で使いがってのよいフレームワークとして人気となりました。現在では、**React**、**Angular**と並ぶモダンな三大JavaScriptフレームワークの1つとして広く使用されています。

図1-1-1 ドキュメントが充実したVue.jsのオフィシャルサイト（https://jp.vuejs.org）

1-1-2　Vue.jsの特徴

Vue.jsの特徴を簡単にまとめておきましょう。

HTML、CSS、JavaScriptの基本を知っていればすぐに始められる

　Webフロントエンド開発用のモダンなJavaScriptフレームワークとしては、Vue.js以外にReactやAngularが有名ですが、それらと比較したVue.jsのメリットとしてよくあげられるのが「学習コストの低さ」です。

　導入段階では**ES2015**（JavaScriptの標準規格であるECMAScriptの6番目の仕様。詳しくは次ページ参照）によるプログラミングを強制しません。また、初期段階では**Node.js**（サーバー上でJavaScriptを動かす環境）や**Webpack**、**Babel**などといった、初心者には多少敷居の高い開発ツールの知識は必ずしも必要ありません（Node.js、Webpack、Babelに関してはChapter 7を参照）。**HTML**、**CSS**、そして**JavaScript**（ES5：ECMAScript 5th Edition、ES2015の1つ前のECMAScriptの仕様）の基礎を知っていればすぐに学習を始められます。

ES2015とは？

JavaScriptのコア部分を標準化した仕様にECMAScript（エクマスクリプト）があるよね。2015年に制定されたECMAScript 6th Edition（ES6）で仕様が大きく変更されたんだ。ES6は、最近ではES2015と呼ばれることが多いね。

ES2016、ES2017といったように年次ベースでリリースされるからですね。

そうだね、ES2015以降のバージョンをまとめて「ES2015+」と表記することもあるんだ。

必要に応じて拡張可能なプログレッシブ・フレームワーク

　Vue.jsのコア部分はシンプルなものです。それだけでも基本的なユーザインターフェースの作成は可能ですが、必要に応じてNode.jsやVue CLI 3などのツール、およびVue RouterやVuexといったライブラリと連携していくことにより、**シングルページアプリケーション**（SPA）など大規模なWebアプリケーションの開発を効率的に行うことができます。

　なお、オフィシャルサイトでは、開発するWebサイトの規模に応じて必要な機能を段階的に採用していけるという意味で「**プログレッシブ・フレームワーク**」と呼んでいます。

シングルページアプリケーションってFacebookみたいなものですよね？

そう、基本部分が単一のページで構成されるようなWebアプリケーションだね。JavaScriptでサーバと通信してDOMを操作することでコンテンツを切り替えるんだ。複雑なシングルページアプリケーションの作成にはモダンなフレームワークの活用が必須なんだ。

MEMO

DOM（Document Object Model）とは、JavaScriptからHTML文書やXML文書の要素を操作する仕組みです。Web技術の標準化団体である**W3C**（World Wide Web Consortium）によりLevel1からLevel3まで勧告されています。現在ではほとんどのWebブラウザでサポートされています。

HTMLの要素をツリー構造として扱うことが可能で、そのツリー構造を「**DOMツリー**」（もしくは単にDOM）と呼びます。DOMツリーを構成する要素をノードと呼びます。ノードは親子関係でたどっていくことの他に、タグ名やid属性を使用して取得することもできます。

テンプレートと組み合わせた柔軟なリアクティブシステム

　モダンなJavaScriptフレームワークにおける特徴的なキーワードに「**リアクティブ**」があります。Vue.jsもリアクティブシステムを標榜するフレームワークです。リアクティブとは、日本語では「反応的な」などと訳されますが、一言で言えばJavaScript側のデータの更新がWebページのDOMツリーに即座に反映される仕組みです。

　JavaScript側のVueインスタンス内のデータと、HTMLを基本としたテンプレート構文に記述した値が**バインド**され（結び付けられ）、データを変更すると、それがすぐにDOMツリーに反映されWebブラウザの画面が更新されます。

テンプレートって雛形のような意味よね。

そうだね。雛形を作って後からデータを埋め込むようなイメージだね。後で詳しく説明するけど、Vue.jsのHTMLテンプレート記法では、下記のように「{{ msg }}」がテンプレート内でJavaScriptのデータを埋め込む書式なんだ。詳しくはLesson 1-3「実際に操作しながらVueアプリケーションの動きを見てみよう」で説明するけど、「{{ msg }}」が、JavaScript側のデータ「msg」とバインドされ、実行時に"Vue.js"という文字列に置き換わるわけだね

```
<div id="app">
    <h1>ようこそ {{ msg }} の世界へ </h1>
</div>
         ↓
<div id="app">
    <h1>ようこそVue.jsの世界へ </h1>
</div>
```

JavaScriptの方で変数msgの値を変更すると即座にテンプレート側にも反映されるわけですね！

まだよくわからないけどリアクティブって感じがしてきたわ。

コンポーネントで効率的な開発

　ある程度複雑なWebアプリケーションの開発では、構成要素をパーツに分割して開発するという手法が主流です。

図1-1-2　コンポーネントの概念図

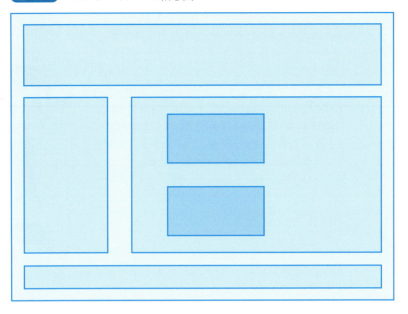

コンポーネントを使いまわすことにより、効率的な開発が可能になるわけです。
　Vue.jsでは、Node.jsやVue CLI 3といった開発環境を導入することにより、「**シングルファイルコンポーネント**」と呼ばれる、HTML、CSS、JavaScriptを1つのファイルにパッケージングしたより柔軟なコンポーネントが利用できるようになります。

図1-1-3　シングルファイルコンポーネント

シングルファイルコンポーネントを使うにはNode.jsベースのツールが必要なのですか？

そうだね、シングルファイルコンポーネントは拡張子が「.vue」のファイルで、さらにES2015のモジュール機能を使用しているんだ。そのため、モジュールハンドラやトランスパイラといったツールが必要なんだね。

ところで最近よく聞く「Node.js」って？

通常のJavaScriptプログラムはWebブラウザ上で実行されるよね。それをサーバサイド側で実行できるようにしたのがNode.jsなんだ。かつてはWebサーバ側のアプリケーションの開発に使用されることが多かったんだけど、最近ではフロントエンド側のモダンなアプリケーションを効率よく構築する目的でも使用されるんだ。

1-1-3　Vue.jsによる
　　　　 Vueアプリケーション作成の方法は？

　Vue.jsで作成するWebアプリケーションのことをVueアプリケーションと言います。Vueアプリケーションの作成方法には次の3種類があります。

方法1 **\<script\>**タグでローカルもしくは**CDN**（p.25のColumn「CDNとは」参照）の
　　　フレームワークをリンクする

方法2 Node.jsをベースに、コマンドラインツール「**Vue CLI 3**」でプロジェクトの雛
　　　形を作成して開発を行う

方法3 Node.jsをベースに、WebpackやBabelなどのツールを組み合わせて開発を行う

　本格的なWebアプリケーションの作成には「方法2」もしくは「方法3」が必須ですがES2015+、およびNode.jsやWebpackといったツールの知識が不可欠となります。
　本書では、手軽に開発が行えて初心者の学習に適した「方法1」を基本に解説します。
　最後のChapter 7では、「方法2」のVue CLI 3を使用して本格的なWebアプリケーションを作成するための基礎について解説します。

Lesson 1-2 Vueアプリケーションの開発に必要なものは

Vue.jsを始めるための前準備

ここでは、Vueアプリケーションを開発するのに必要なツールについて説明します。テキストエディタ「Visual Studio Code」の設定についても説明します。

やはりプログラミングには使いやすいテキストエディタが欠かせないわね。

最近では、フリーでかつ高機能なテキストエディタがいろいろと出てきているね！

1-2-1 Vue.js の学習に必要なものは

「パソコン」「テキストエディタ」「Webブラウザ」があれば、すぐにVue.jsの学習が始められます。

▪ パソコン

パソコンのOSとしてはmacOS、Windows、Linux などが利用可能です。本書ではmacOS（Mojave）もしくはWindows（Windows 10）をベースに解説します。

▪ テキストエディタ

文字エンコーディングが「UTF-8」で保存可能なテキストエディタを用意します。OS標準の「**メモ帳**」（Windows）や「**テキストエディット**」（macOS）を使うことも不可能ではありませんが、プログラムの効率的な入力には役不足です。「**Visual Studio Code**」や「**Atom**」、「**Brackets**」など高機能なフリーのエディタを使用すると、開発効率が大幅にアップします。

▪ Webブラウザ

Vueアプリケーションをテストするにはいわゆる「**モダンブラウザ**」（Web標準に十分に準拠したブラウザ）が必要です。本書ではmacOS、Linux、Windows上で動作して、デバッグ機能が充実している「**Google Chrome**」をベースに解説します。

Vueアプリケーションは、少なくともECMAScript 5の機能が必須なんだ。そのため、Internet Explore 8（およびそれ以前）はサポートしてないので注意してほしい。

僕の周りではさすがにIE8はもう使ってないですね。

1-2-2　Visual Studio Codeについて

　最近の高機能テキストエディタには、JavaScriptやHTMLのキーワード補完機能、ハイライト機能などが備えられています。またプラグインにより機能を拡張できるのものが便利です。

　ここでは、Microsoftが開発したオープンソースのテキストエディタである「**Visual Studio Code**」（**VSCode**）を紹介します。

　Visual Studio Codeは高機能で使い勝手が良く、しかも軽量なことから、数ある高機能エディタの中でもっとも人気があるエディタの1つです。

Visual Studio Codeのインストール

　Visual Studio Codeは、次のサイトからmacOS版、Windows版、Linux版がダウンロードできます。

URL　https://code.visualstudio.com

　Visual Studio CodeでHTMLファイルを開いた画面を次ページに示します。図版ではわかりにくいのですが、キーワードによって色分けされています。

図1-2-1 Visual Studio Codeの実行画面

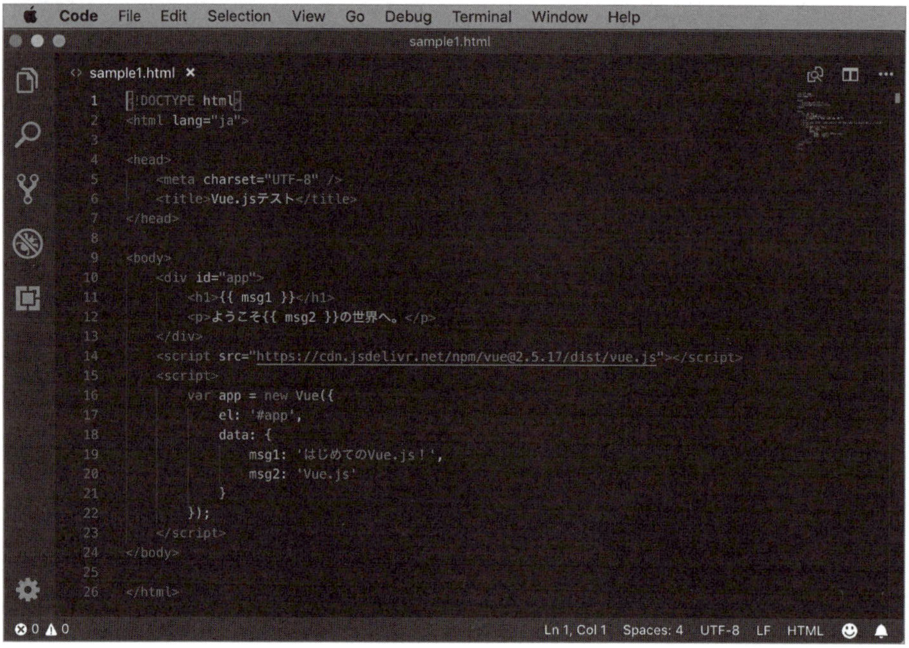

メニューの日本語化

Visual Studio Codeは、マーケットプレイスによって公開されているさまざまな「**拡張機能**」をインストールすることにより機能を拡張できます。

まずは「**日本語パック**」（Japanese Language Pack）をインストールして、メニューやメッセージを日本語化してみましょう。

1. 左の「アクティビティバー」の 🔲 のアイコンをクリックして、「Japanese Language Pack for Visual Studio Code」を検索して、「Install」ボタンをクリックしてインストールします。

図1-2-2　日本語パックのインストール

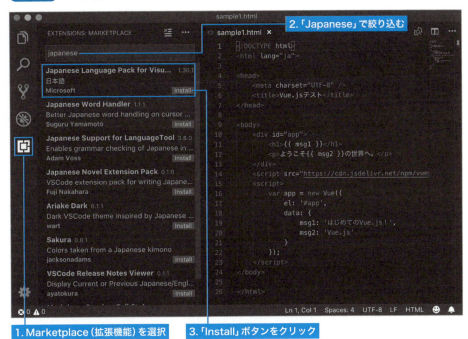

2. インストールが完了すると右下に再起動を促すダイアログが表示されるので「Yes」ボタンをクリックします。

3. 再起動すると日本語化が完了します。

図1-2-3 Visual Studio Codeが日本語化された

Vue.js アプリケーションの開発に便利な拡張機能

　Visual Studio Codeのマーケットプレイスには、さまざまな拡張機能が用意されていますが、ここではVue.jsアプリケーションの開発に便利な拡張機能をいくつか紹介しましょう。

▪ Live Server
Live Serverは、ローカルにWebサーバを起動して、エディタで編集中のHTMLファイルを表示できる拡張機能です。**Vue.js Devtools**（p.52のColumn「Vueアプリケーションのデバッグに便利な『Vue.js Devtools』」参照）でのデバッグや、Ajax通信の確認に便利です。

　HTMLファイルを開き、エディタ上を右クリックして表示されるメニューから「**Open with Live Server**」を選択します。すると、デフォルトに設定されているWebブラウザが起動して、Webページが表示されます。

図1-2-4 Live Server

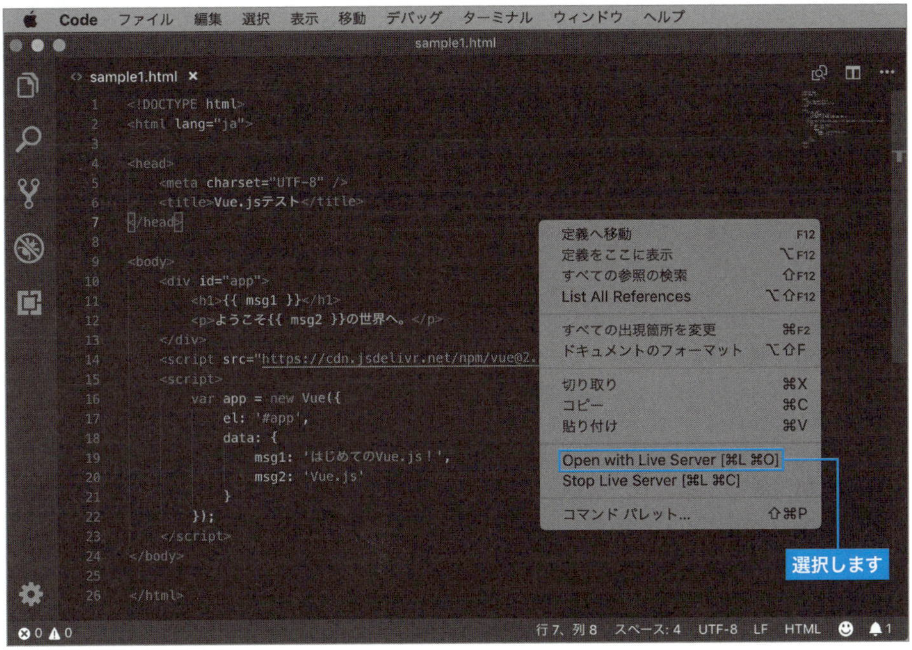

▪ **Vetur**

Veturは、Vueコマンドの補完、整形など、Vue.jsアプリケーションの開発を支援するユーティリティです。拡張子が「**.vue**」のシングルファイルコンポーネント（p.15参照）も正しくシンタックスハイライト（テキストのキーワード部分を機能によって色分け表示すること）可能です。

▪ **Prettier**

Prettierは、JavaScriptやHTML、CSSなどのコードを自動整形するツールです。Alt（macOSの場合はOption）+ Shift + Fキーでドキュメント全体もしくは選択範囲を整形できます。

なお、「ファイル」メニューから「Preferences」➡「設定」（macOSの場合「**Code**」メニューから「基本設定」➡「設定」）を選択すると表示される画面で、「テキストエディタ」➡「フォーマット」の「Format On Save」をオンにしておくと保存時に自動的に整形されるようになります。

Lesson **1-3** とりあえずVue.jsを動かしてみよう

操作しながらVueアプリの動きを見てみよう

さて、ここからが本番です。ここでは、シンプルなサンプルを通してVueアプリケーションの基本的な働きを見ていくことにしましょう。

いよいよですね！大丈夫かしら？

まずは、とてもシンプルなサンプルから始めるので、実際にエディタで打ち込んで動きを確認してね。

1-3-1 CDNからVueフレームワークをリンクするには？

　「Vue.jsによるVueアプリケーション作成の方法は？」(p.17) で説明したように、Vue.jsの学習には、**CDN** もしくローカルのハードディスクからVue.jsフレームワークのJavaScriptファイルを読み込む方法が手軽です。

　ここではCDNから読み込む方法を説明しましょう。それには、HTMLファイルの **<script>** タグでVue.jsフレームワークのURLを指定します。本稿執筆時でのVue.jsの最新版は2.5.21です。

　Vue.jsフレームワークのJavaScriptファイルには、開発用の「**vue.js**」と、本番用の「**vue.min.js**」の2種類があります。

- 開発用

```
<script src="https://cdn.jsdelivr.net/npm/vue@2.5.21/dist/vue.js"></script>
```

- 本番用

```
<script src="https://cdn.jsdelivr.net/npm/vue@2.5.21/dist/vue.min.js"></script>
```

開発用の「vue.js」は、警告表示などデバッグモードが用意されたものです。本番用の「vue.min.js」はデバッグモードのコードを削除して、余分なスペースや改行などを取り除くことで、ファイルを圧縮しサイズと速度を最適化したものです。学習には開発用の「vue.js」使用しましょう。

リンクのパスの「vue@2.5.21」の「2.5.21」はバージョンの指定ですよね？

そうだね。なお、「@2.5.21」を指定しないと自動的に最新版が使用される。ただし、バージョンの相違によって動作が異なる可能性もあるため、指定することが推奨されているんだ。

CDNから開発用のvue.jsをダウンロードしてローカルディスクに保存しておいて、それを次のようにリンクしてもいいの？
`<script src="./vue.js"></script>`

もちろんOKだよ。そうすれば、ネットがない環境でも学習を進められるね。

COLUMN

「CDN」とは

「**CDN**」（Content Delivery Network）とは、その名が示すように、さまざまなWebコンテンツの配布（Delivery）に最適化したネットワークです。日本語では「コンテンツ配信網」などと呼ばれることがあります。特に映像や音楽などのデジタルコンテンツ、大規模なアプリケーションなどを、大量にかつ多数のユーザに安定して配信できるように構築されたネットワークです。最近ではソフトウエア・ライブラリの配布にも使用されるようになってきています。

1-3-2 Vueインスタンスとテンプレート記法について

実際に、シンプルな例を通してVue.jsアプリケーションの働きを見てみることにしましょう。まずは、Vueインスタンスとテンプレート記法を説明しておきましょう。

Vueインスタンスとテンプレート記法について

Vueアプリケーションの中核となるのがVueオブジェクトのインスタンスである「**Vueインスタンス**」です。

Vueインスタンスを生成するには**new**演算子と**Vueコンストラクタ**を使用します。コンストラクタの引数はJavaScriptの**オブジェクト**です。通常は**オブジェクトリテラル**（p.37のcolum「オブジェクトリテラル」を参照）としてオプションを指定したデータを渡します。

```
var app = new Vue({

                          ← ここでいろいろなオプションを指定

})
```

引数はJavaScriptのオブジェクトですので、オプションは「**キー : 値**」の形式で指定します。もっとも基本的なオプションとして使用できるキーは次の2つです。

el: Vueインスタンスと対応するHTML要素のid属性
data: データオブジェクト

new演算子で生成されたVueインスタンスを、「**ルートVueインスタンス**」もしくは「**ルートコンポーネント**」と呼びます。ルートVueインスタンスを生成するとVueアプリケーションが動き出します。なお、ルートVueインスタンスには、必要に応じて子となるコンポーネントを追加してDOMツリーの階層構造を構築できます。

これだけだとなんのことかさっぱりね..

大丈夫。とりあえずルートVueインスタンスとして生成されたVueインスタンスが重要な役割をすることだけ覚えておいて

dataオプションの値である「データオブジェクト」とは？

それもまた後で説明するけど、Vueインスタンスの管理するデータだね。それらのデータを、HTML側のテンプレート側のデータとバインドすることができるんだ。

1-3-3 HTMLのテンプレート記法とマスタッシュ構文

HTML側では、テンプレート記法を使用してデータオブジェクトのデータとHTML要素のデータを結びつけられます。これを「**データバインディング**」と呼びます。

図1-3-1　データバインディング

```
JavaScript                          HTMLのテンプレート記法

var app = new Vue({                 <div id= "app" >
    el: "#app"                        <h1> {{msg1}} </h1>
    ,                                 <p>ようこそ {{msg2}} の世界へ。</p>
    data: {                         </div>
        msg1: "はじめてのVue.js!"
        ,
        msg2: "Vue.jsの世界へ"
    }
});
```

elオプションで要素のidを指定

データバインド

データバインド

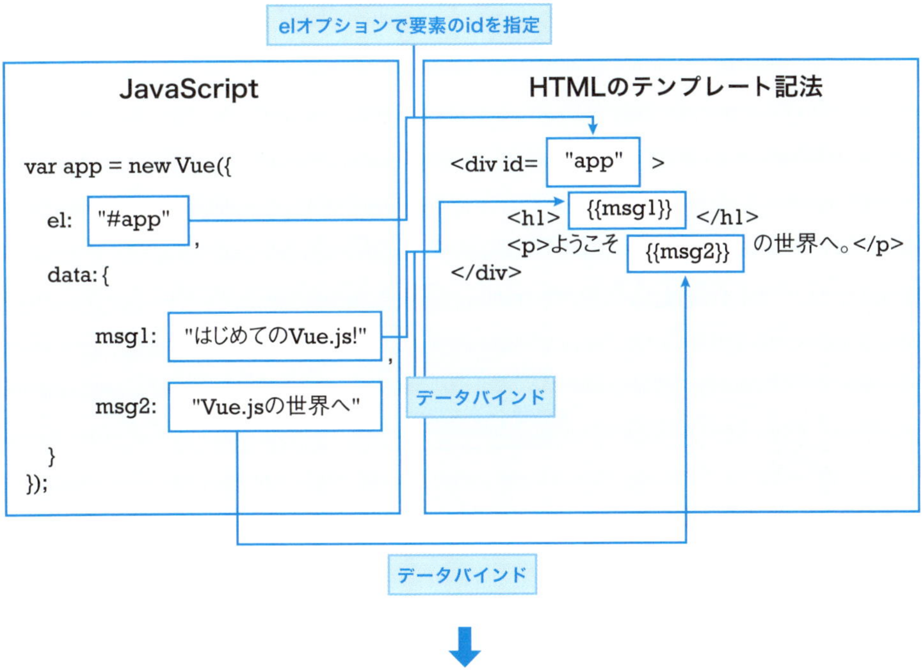

　Vue.jsのテンプレート記法で特徴的なのが「**{{ 変数や式 }}**」という書式です。その内部に記述した値を、Vueインスタンスのデータとバインドすることができます。こうすることで、JavaScriptのデータとHTMLのDOMが同期して、データの変更がすぐにWebブラウザの画面に反映されるようになります。

　なお、「{{ 変数や式 }}」は、「{{ }}」の形が髭に似ていることから**マスタッシュ**（mustache：口髭）**構文**と呼ばれます。

●口ひげ

1-3-4　VueアプリケーションのHTMLファイルについて

　これまでの説明をもとに、実際のVueアプリケーションのHTMLファイル「sample1.html」を見てみましょう。次のサンプルでは、JavaScriptのプログラム部分は別のファイル「sample1.js」として読み込んでいます。

● sample1.html

```html
1  <!DOCTYPE html>
2  <html lang="ja">
3  
4  <head>
5      <meta charset="UTF-8" />
6      <title>Vue.js テスト</title>
7  </head>
8  
9  <body>
10     <div id="app">
11         <h1>{{ msg1 }}</h1>  ❷
12         <p>ようこそ {{ msg2 }} の世界へ。</p>  ❸                       ❶
13     </div>
14     <script src="https://cdn.jsdelivr.net/npm/vue@2.5.17/dist/vue.js"></script>  ❹
15     <script src="./sample1.js"></script>  ❺
16 </body>
17 
18 </html>
```

　Vueアプリケーション用のHTMLファイルは基本的に**HTML5**で記述します。❶の**div**要素が、Vueインスタンスと対応する要素です。❷❸のマスタッシュ構文により、それぞれ後述するVueインスタンスのプロパティである**msg1**と**msg2**を埋め込んでいます。❶で**id**属性を「**"app"**」にしている点を覚えておいてください。

```
<div id="app">                              ── idを"app"に指定
    <h1>{{ msg1 }}</h1>                     ── マスタッシュ構文で
                                               msg1を埋め込む
    <p>ようこそ {{ msg2 }} の世界へ。</p>    ── マスタッシュ構文で
</div>                                         msg2を埋め込む
```

　❹の**<script>**タグで開発用のVue.jsフレームワークをインポートして、❺でJavaScriptファイル「**sample1.js**」を読み込んでいます。

❹❺の〈script〉タグは、この順番で通常body要素の最後に記述するんだ。

なんで？

❺が読み込まれた時点でid属性が"app"の要素がないと、JavaScriptからアクセスできないからですね！

なるほど。
それとこのサンプルではJavaScriptのプログラムを別ファイルにしているけど、同じHTMLファイルに記述してもいいのよね？

そうだね。この程度のものではどちらでもかまわないけど、コードが長くなってくると別ファイルにした方がわかりやすいね。

1-3-5 Vueアプリケーションの JavaScriptファイルについて

次に、sample1.htmlから読み込まれるJavaScriptファイル「sample1.js」を示します。

●sample1.js

```js
var app = new Vue({
    el: '#app',
    data: {
        msg1: 'はじめてのVue.js！',
        msg2: 'Vue.js'
    }
});
```

❶ 対応する要素のidを指定

❷ データオブジェクト

ここでは Vueオブジェクトのインスタンスを生成して変数**app**に代入しています。**コンストラクタ**には**オブジェクトリテラル**を渡しています。

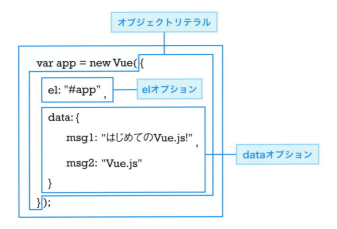

コンストラクタに渡すオブジェクトリテラルでは、キー値としてさまざまなオプションが指定できますが、ここでは**el**オプションと**data**オプションの2つのオプションを指定しています。❶のelオプションでは**"#app"**を指定して、Vueインスタンスをidが**"app"**のdiv要素と対応付けています。

❷のdataオプションはVueインスタンスが格納するデータを管理するデータオブジェクトです。ここでは**msg1**と**msg2**の2つの変数をプロパティとして用意しています。sample1.htmlでは、これらのプロパティはHTMLテンプレートのマスタッシュ構文のmsg1とmsg2にバインドされています。

コンストラクタってなんだっけ？

オブジェクトを生成するための特別な関数のことだね。コンストラクタの名前はオブジェクト名と同じなんだ。次のようにしてnew演算子で生成するんだね。

変数名 = new コンストラクタ(引数1, 引数2, ...)

思い出した！
それとオブジェクトリテラルって、Ajax通信でやり取りするデータ形式JSON(JavaScript Object Notation)と同じだっけ

JSONはオブジェクトリテラルのサブセット(縮小版)だね(p.37の〈Column〉「オブジェクトリテラル」を参照)

　sample1.htmlをWebブラウザで読み込んで表示してみましょう。マスタッシュ構文に記述した **msg1** と **msg2** が、sample1.jsで指定したVueインスタンスのデータに置き換わって表示されるはずです。

図1-3-2 　sample1.htmlの実行画面

ここではnew演算子で生成したVueインスタンスを変数appに代入していますが、変数名は決まっているのですか？

変数名は自由に設定してOKだよ。オフィシャルサイトのサンプルでは、多くの場合、「app」あるいは「vm」(ViewModelの略)が使用されるね。
なお、プログラム内でVueインスタンスを参照する必要がなければ、new演算子で生成するだけで、変数に代入しなくてもかまわないんだ。

```
new Vue({          ← 変数に代入しなくても良い
  ～
});
```

1-3-6 リアクティブシステムの動作を確認しよう

　p.13の「テンプレートと組み合わせたリアクティブシステム」で説明したように、Vue.jsは「**リアクティブ**」を特徴とするフレームワークです。
　Vueインスタンスのデータオブジェクトとして設定されたプロパティがDOMの要素と動的にバインドされ、プロパティの変更がDOM要素に即座に反映されます。実際にそのことを確認してみましょう。

Vueインスタンスのdataオプションのプロパティ

　Vueインスタンス内の、データオブジェクト（dataオプション）のプロパティには次の形式でアクセスします。

> インスタンス名 . プロパティ名

　前述のsample1.jsに記述したスクリプト部分をもう一度見てみましょう。

● sample1.js

```
var app = new Vue({
    el: '#app',
    data: {
        msg1: 'はじめてのVue.js！',
        msg2: 'Vue.js'
    }
});
```

この場合、プログラム内では**msg1**、**msg2**の値にそれぞれ次のようにアクセスします。

app.msg1　←msg1にアクセス
app.msg2　←msg2にアクセス

app.data.msg1ではないのですね。

そうなんだ。間違えやすいので気をつけて。

プロパティの値を変更してリアクティブシステムの働きを確かめる

　Google Chromeでsample1.htmlを読み込んだ状態で、デベロッパーツールを起動して、JavaScriptコンソールでプロパティを変更してみましょう。

1. Windowsの場合、F12キー（「macOSの場合 Command + Option + I キー）を押しデベロッパーツールを起動して、「Console」タブをクリックしJavaScriptコンソールを開きます。

図1-3-3　JavaScriptコンソール

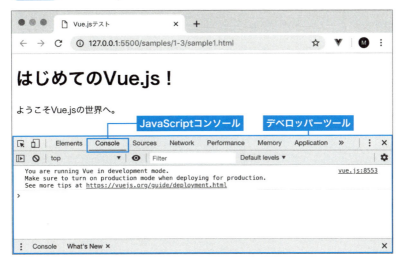

MEMO

コンソールには「You are running Vue in development mode.」と表示されています。これは現在Vueアプリケーションが開発モードで動作中であることを示しています。

2. プロンプト「>」に続いて「app.msg1 Enter 」とタイプしてmsgプロパティの値を確認してみましょう。

図1-3-4　msg1プロパティの値を表示

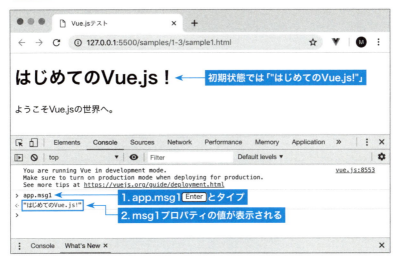

3. プロンプト「>」に続いて「app.msg1 = "Hello Vue.js" Enter 」とタイプします。msg1プロパティの変更が即座にDOMに反映され、表示が「Hello Vue.js」と変わります。

図1-3-5 msg1プロパティの値を変更

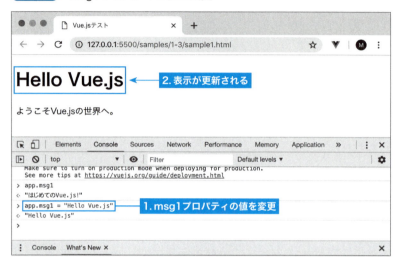

4. 同じように、「app.msg2」に別の文字列を代入して、表示が更新されることを確認してみましょう。

図1-3-6 msg2プロパティの値を変更

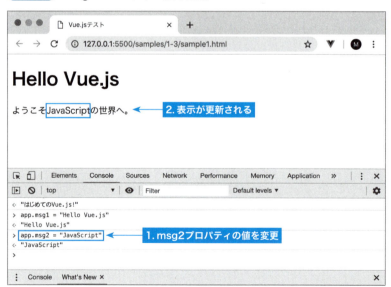

Vue.jsは仮想DOMを使ってるから速いって聞いたのだけど

「仮想DOM」は、DOMの操作を効率的に行う仕組みだね。
実際のDOMに対応した仮想的なDOMを用意して、Vue.jsのリアクティブシステムは、DOMの操作をまず仮想DOMに対して行うんだ。仮想DOMは変更点を差分として検知して、描画処理が必要なタイミングで実際のDOMの変更が必要な部分を効率よく更新するんだ

わかったような、わからないような…

仮想DOMの操作はVue.jsがやってくれるので、通常はその存在を意識しなくてもOkだよ

COLUMN

オブジェクトリテラル

Vueアプリケーションのプログラムでは、JavaScriptのオブジェクトの表記法である**オブジェクトリテラル**がいろいろなところで活躍します。
基本は「キー: 値」の形式のキーと値のペアを「,」で区切って、全体を{}で囲みます。

{キー1: 値1, キー2: 値2, …}

JSONの場合、キーは必ずダブルクォーテーション（"）で囲う必要がありましたが、オブジェクトリテラルの場合の場合は不要です。

次ページへ

```
var person = {name: "山田太郎", age: 25}
```

オブジェクトの値には、次の2種類の形式でアクセスできます。

- **[ ]形式**

「[ ]」内にキーをダブルクォーテーション（"）で囲って指定します。

```
person["age"]
```
→ "age"の値にアクセス

- **プロパティ形式**

変数名とキーをドット（.）で接続します。

```
person.age
```
→ "age"の値にアクセス

- **オブジェクトリテラルの階層構造**

オブジェクトリテラルの値には、さらに別のオブジェクトリテラルや配列を指定して階層構造にすることができます。また、関数を指定することもできます。

```
var person = {
    name: '山田太郎',
    age: 25,
    scores: { math: [40, 50], eng: [70, 60] },
    sayHello: function() {
        console.log('こんにちは');
    }
};
```
→ 値にオブジェクトリテラルと配列を指定
→ 値に関数を指定

上記の例では、scoresの下の階層の、配列mathの2番目の要素にアクセスするには次のようにします。

```
person.scores.math[1]
```
→ 値は「50」

sayHelloキーに設定した関数を呼び出すには次のようにします。

```
person.sayHello()
```
→「こんにちは」と表示される

なお。ES2015+ではオブジェクトリテラルが拡張され、より柔軟な表記が可能になっています。Webで検索するなどして調べて見ると良いでしょう。

Lesson 1-4 マウスのクリックや ユーザの入力を処理しよう

イベントを捕まえたり文字列を取り出したり

Lesson 1-3に引き続いてVueアプリケーションの基本的な動きを見ていきましょう。ここでは、ボタンをクリックした時に発生するイベントを捕まえてなんらかの処理を行う方法、およびテキストボックスに入力した文字列を取得する方法について説明します。

イベント処理は
GUIアプリケーションの基本ですね！

フォームのテキストボックスに入力した文字列
をプログラムで取得する方法も大事ね！

1-4-1 ボタンのイベント処理も簡単

　インタラクティブなユーザインターフェースに欠かせないのが、マウスのクリックや文字の入力といったユーザのアクションを捕まえてDOMを操作する**イベント処理**です。
　Vue.jsではイベント処理も、テンプレート記法とVueインスタンスを組み合わせることで行えます。前節で紹介したsample1.htmlにボタン（button要素）を追加して、それがクリックされたらメッセージを変更するようにしてみましょう。

図1-4-1 ボタンのクリックを処理する

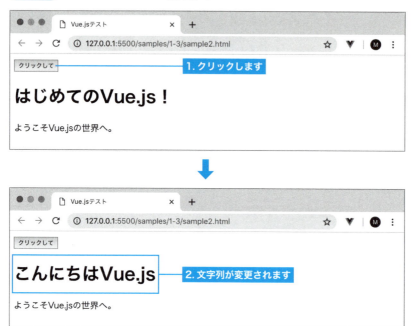

v-on:click属性を設定する

まず、HTMLのテンプレート部分では、**button**要素を追加して、**v-on:click**属性にJavaScriptの命令を設定します。

●sample2.html（一部）

```
1  <div id="app">
2      <button name="myBtn" v-on:click="msg1 = 'こんにちはVue.js'">クリックして</button>
3      <h1>{{ msg1 }}</h1>
4          <p>ようこそ{{ msg2 }}の世界へ。</p>
5  </div>
```

この行を追加する

「v-」で始まる属性はディレクティブ

HTMLタグに記述した「**v-on**」のように「**v-**」で始まる属性は、Vue.jsの**ディレクティブ**（命令）です。「v-on」はイベントを処理するためのディレクティブです。コロン（:）で区切ってDOMのイベントを記述します。

「**:click**」を指定するとマウスのクリックを捕まえて処理を行います。「=」の後にはイベントが発生して場合の処理を記述します。ここでは「**msg1 = 'こんにちはVue.js'**」を指定しmsg1プロパティに文字列'こんにちはVue.js'を代入しています。

図1-4-2 v-onディレクティブ

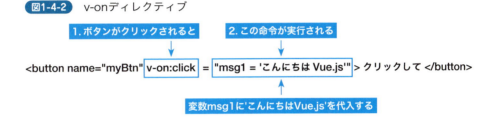

これで、ユーザがボタンをクリックすると表示が更新されます。

1-4-2 処理をメソッドとして用意する

前ページの例ではボタンの**v-on:click**属性に、直接次のようなJavaScriptの文を記述してmsg1プロパティを変更していました。

```
msg1 = 'こんにちはVue.js'
```

指定できる文は1つだけではありません。セミコロン「;」で区切ることにより複数の文を記述することも可能です。

図1-4-3 複数の文の指定

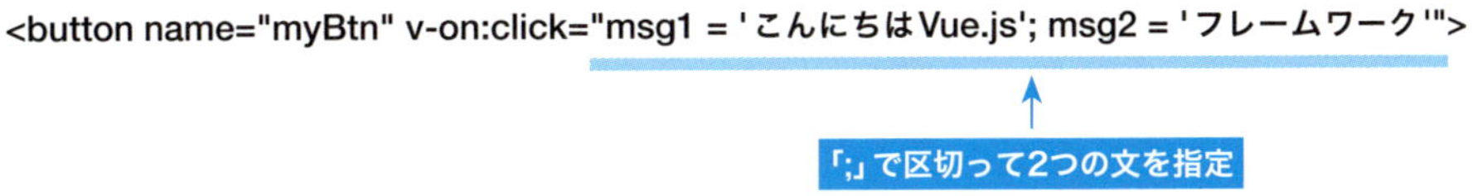

`<button name="myBtn" v-on:click="msg1 = 'こんにちはVue.js'; msg2 = 'フレームワーク'">`

「;」で区切って2つの文を指定

この方法は手軽な反面、処理が複雑になるとテンプレートの見通しが悪くなるというデメリットがあります。そのため、複雑な処理はメソッドとして用意して、v-on:click属性ではそれを呼び出すという方法が推奨されています。

次に、v-on:click属性を、changeMsg1という名前のメソッドを呼び出すように変更した例を示します。

● sample3.js（一部）

```
<button name="myBtn" v-on:click="changeMsg1">
クリックして </button>
```

図1-4-4　メソッドの呼び出し

`<button name="myBtn" v-on:click=` `"changeMsg1"` `>クリックして</button>`

changeMsg1()メソッドを呼び出す

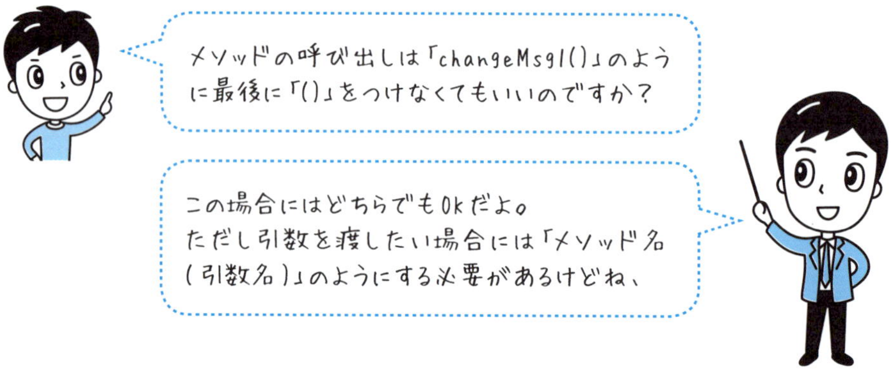

メソッドの呼び出しは「changeMsg1()」のように最後に「()」をつけなくてもいいのですか？

この場合にはどちらでもOKだよ。
ただし引数を渡したい場合には「メソッド名(引数名)」のようにする必要があるけどね。

プログラム側では、Vueオブジェクトのコンストラクタに、methodsオプションを用意します。その下の階層にメソッドをオブジェクトリテラルとしてメソッド名をキーに関数をその値に設定します。

● sample3.js

```
var app = new Vue({
    el: '#app',
    data: {
        msg1: 'はじめてのVue.js！',
        msg2: 'Vue.js'
    },
    methods: {         ❶ methodsオプションを指定
        changeMsg1: function(){   ❷ changeMsg1()メソッドを指定
            this.msg1 = 'こんにちはVue.js';  ❸
        }
    }
});
```

❶で、Vue オブジェクトのコンストラクタに **methods** オプションを追加しています。❷で **changeMsg1()** メソッドを定義しています。

data オプションで設定したプロパティには、methods オプションで設定した関数からは次のようにアクセスできます。

`this.プロパティ名：`

❸で msg1 プロパティに「this.msg1」としてアクセスして「'こんにちはVue.js'」を代入しています。

```
var app = new Vue({
    el: '#app',
    data: {
        msg1: 'はじめてのVue.js！',
        msg2: 'Vue.js'
    },
    methods: {
        changeMsg1: function(){
            this.msg1 = 'こんにちはVue.js'
        }
    }
});
```

this.msg1としてアクセス

メソッドを設定するオプションの名前は
「method」ではなく
「methods」(複数形) なのね。

複数指定することもできるからだね、間違いやすいから気をつけなくちゃね。
あと、この例ではVueインスタンスを変数appに代入しているので、「this.msg1」は「app.msg1」でもアクセスできますね。

そうだね。ただthisを使った方がVueインスタンスの変数名を気にしなくてもよいのでベターだね。

それと、関数はES2015のアロー関数を使った方がもっとシンプルに定義できますよね？最近のほとんどのWebブラウザではアロー関数をサポートしてるし。

changeMsg1()メソッドを指定

```
changeMsg1: function(){
    this.msg1 = 'こんにちはVue.js'
}
```

↓アロー関数に変更

```
changeMsg1: () => app.msg1 = 'こんにちは↩
Vue.js'
```

残念、それはできないんだ。通常の関数とアロー関数では、thisの取り扱いが異なるためだね。通常の関数として定義すると、thisはVueインスタンスを参照するんだけど、アロー関数で定義するとWindowオブジェクトを参照してしまい、msg1プロパティが見つからなくなってしまうんだね。

v-on:click属性の省略形は@click

クリックイベントを捕まえる **v-on:click** 属性はよく使うので「**@click**」という省略形が用意されています。

```
<button name="myBtn" v-on:click="changeMsg1">
クリックして </button>
```

 省略形を使用

```
<button name="myBtn" @click="changeMsg1">
クリックして </button>
```

> v-on:click属性（@click属性）を設定できるのはボタンだけなの？

> そんなことないよ任意の要素に設定してクリックイベントを捕まえられる。例えばh1要素に設定するには次のようにすればいいんだ。
> `<h1 v-on:click="showContents()">`
> `Vue.jsの世界へようこそ </h1>`

1-4-3 v-modelディレクティブを使用した双方向データバインディング

さて、Webページ上でユーザがデータを入力するのに欠かせないのが、テキストボックスやラジオボタンといった HTML の**フォーム**です。

v-model ディレクティブを使用すると、ユーザが入力したテキストボックスなどのフォームの文字列を Vue インスタンスのデータとバインドすることができます。

```
v-model="プロパティ名"
```

「{{ 式や値 }}」の形式のマスタッシュ構文の場合、Vueインスタンスのデータの更新が、HTMLテンプレート内の要素に反映されました。それに対して **v-model** ディレクティブを使用すると、Vueインスタンスのプロパティの更新をテキストボックスなどに反映させることはもちろん、ユーザがテキストボックスなどに入力したデータをVueインスタンス側に反映させることができます。

これを**双方向**（two-way）**データバインディング**と呼びます。

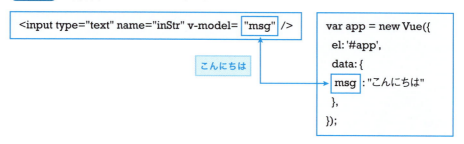

図1-4-5 双方向データバインディング

実際の例を示しましょう。次の例では、テキストボックスに入力したデータをその下のp要素に表示します。

●sample4.html

```
<div id="app">
    <label for="inStr">文字列を入力して：</label>
    <input type="text" name="inStr" v-model="msg" />  ❶
    <p>{{ msg }}</p>  ❷
</div>
```

❶の **<input>** タグでは **type** 属性を **"text"** に設定してテキストボックスを表示しています。また、**v-model** ディレクティブを **"msg"** に設定しています。これでテキストボックスのテキストがVueインスタンスのmsgプロパティとバインドされます。❷でマスタッシュ構文でmsgの内容をp要素に表示しています。

sample4.htmlから読み込まれるJavaScriptファイル「sample4.js」では、データオブジェクトにmsgプロパティを登録します。

● sample4.js

```
var app = new Vue({
    el: '#app',
    data: {
        msg: " こんにちは "     ──── msgプロパティ
    },
});
```

Webブラウザでsample4.htmlを読み込んで実行してみましょう。初期状態ではmsgプロパティがテキストボックスに反映され「こんにちは」と表示されています。

テキストボックスに文字列をタイプしてみましょう。すぐに下のp要素に反映されるはずです。

図1-4-6　入力内容がすぐに反映される

1-4-4　入力した文字列が回文かどうかを判断する

続いて**v-model**ディレクティブによる双方向バインディングの別の例として、テキストボックスに入力した文字列を入力が回文かどうかを判断する例を示しましょう。

図1-4-7 回文かどうかを判断

次にHTML側のリストを示します。

●kaibun1.html(一部)

```
<div id="app">
    <h1> 回分チェック </h1>
    <label for="inStr">文字列を入力して：</label>
    <input type="text" name="inStr" v-model="inStr" />  ❶
    <p>{{ kaibun() }}</p>  ❷
</div>
```

❶でテキストボックスを用意し v-model ディレクティブで inStr プロパティと双方向バインドしています。
❷のマスタッシュ構文に注目してください。「kaibun()」となっていますが、これはVueインスタンス側で登録したしたkaibun()メソッドです。

図1-4-8 マスタッシュ構文にkaibun()メソッドを指定

これで「{{ kaibun() }}」がkaibun()メソッドの実行結果と置きかわります。

kaibun()メソッドの中身は後ほど説明しますが、内部ではテキストボックスの文字列が回文かどうかを判断し結果を'回文です！'もしくは'回文ではありません'の文字列で戻します。

なるほど！
マスタッシュ構文では、Vueインスタンスに登録したメソッドを指定することもできるのね。

そうだね。それだけではなく、MathやDateといった一部のJavaScriptの組み込みオブジェクトも使えるよ。そのことについてはChapter 2「いろいろなデータバインディング」で説明するね。

1-4-5 kaibun()メソッドについて

次にkaibun1.htmlから読み込まれるJavaScriptファイル「kaibun1.js」を示します。

●kaibun1.js

```
1  var app = new Vue({
2      el: '#app',
3      data: {
4          inStr: ''
5      },
6      methods: {
7          kaibun: function() {           ❶
8              if (this.inStr.length == 0) return;  ❷
9              var rStr = this.inStr.split('').reverse().join('');  ❸
10             if (this.inStr == rStr) {
11                 return '回文です！';
12             } else {
13                 return '回文ではありません';     ❹
14             }
15         }
16     }
17 });
```

❶が**kaibun()**メソッドの定義です。❷では入力された文字列の長さが0であればメソッドを抜けるようにしています。

　回文かどうかの判断は、文字列を反転して、それがもとの文字列と等しいがどうかで行なっています。

　❸で**split()**メソッド、**reverse()**メソッド、**join()**メソッドを組み合わせてテキストボックスに入力された文字列を反転して、変数**rStr**に代入しています。

図1-4-8 文字列を反転

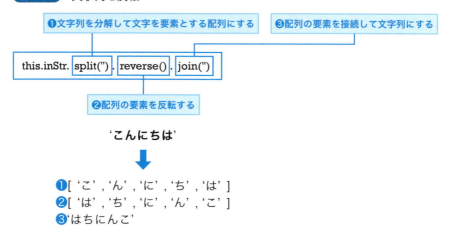

❹のif文では、もとの文字列**inStr**と反転した文字列**rStr**が等しければ**'回文です!'**を、そうでなければ**'回文ではありません'**を戻しています。

前後のスペースを取り除くtrim修飾子

v-modelディレクティブには、ピリオド「.」で接続して、動作を制御する修飾子をつけることができます。

`v-model.修飾子`

kaibun1.htmlでは、テキストボックスに文字列の前後のスペースは文字列の一部として処理してしまいます。例えばスペースだけの文字列も回文と判断されてしまいます。

この場合、前後のスペースを取り除いてから処理を行った方がよいでしょう。もちろんメソッド内で取り除いても構いませんが、「**.trim**」修飾子を指定するとプロパティにバインドする前に前後のスペースを削除できます。

図1-4-9 前後のスペースを取り除く.trim修飾子

' しんぶんし ' ⟶ v-model.trim="inStr" ⟶ 'しんぶんし'

●kaibun2.html(一部)

```
<input type="text" name="inStr" v-model.trim="inStr" />
```

.trim修飾子を指定

COLUMN

Vueアプリケーションのデバッグに便利な「Vue.js Devtools」

Webブラウザに拡張機能として「**Vue.js Devtools**」をインストールしておくと、Vue.jsアプリケーションのデータの確認/変更などが簡単に行えて便利です。Vue.js Devtoolsは、Google ChromeおよびFirefoxにインストール可能です。
Google ChromeにVue.js Devtoolsをインストールするには次のようにします。

1. Chromeウェブストア(https://chrome.google.com/webstore/) にアクセスし「Vue.js Devtools」を検索します。

2. 検索された「Vue.js Devtools」右の「Chromeに追加」ボタンをクリックしてインストールします。

図1-4-11　「Chromeに追加」ボタンをクリック

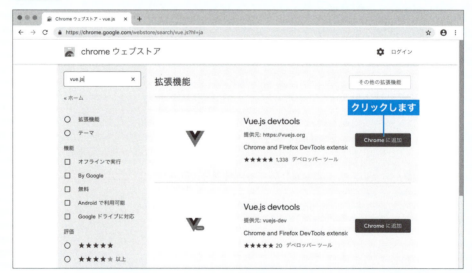

次ページへ

Vue.js Devtoolsがインストールされている環境で、WebサーバからVue.jsのフレームワークが組み込まれたWebページを読み込むと、Google Chromeのデベロッパーツールに「Vue」パネルが表示され、Vue.jsのデータやイベントにアクセスできるようになります。

図1-4-12　Vueパネル

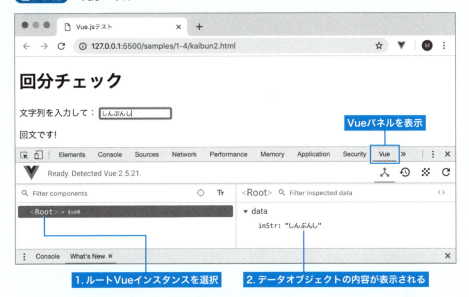

データの値を変更することも可能です。それには目的のデータの上にカーソルを移動します。すると鉛筆のアイコンが表示されるので、それをクリックすると値を編集できます。

次ページへ

図1-4-13　データを変更する

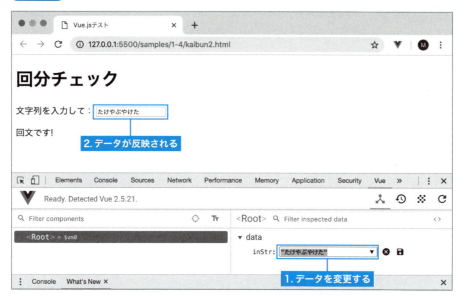

なお、Vue.js DevtoolsでVueアプリケーションをデバッグするためには、Webサーバ経由でHTMLファイルを読み込む必要があります。ローカルにWebサーバを立ち上げるか、もしくは、「Visual Studio Code」の拡張機能「Live Server」（p.23）などを使用するとよいでしょう。

Chapter 2

いろいろなデータバインディング

Chapter1ではVueインスタンスの生成とデータバインディングの基礎について説明しました。データバインディングはVue.jsの心臓部です。このChapterでは、データバインディングについてもう少し踏み込んで解説しましょう。HTML属性のバインドや、処理の結果をプロパティとする算出プロパティの使い方についても説明します。

Lesson 2-1 HTMLコンテンツにデータをバインドする

v-htmlやv-onceディレクティブの使い方も

ここではVueインスタンスのプロパティを、HTMLのコンテンツ部分にバインドする方法についてまとめておきましょう。マスタッシュ構文の他にv-htmlやv-onceといったディレクティブの使い方についても説明します。

マスタッシュ構文はこれまでもなんども出てきたわね。

今回はちょっと掘り下げて説明しよう。

2-1-1 データとマスタッシュ構文について

Chapter1で説明したように、Vueインスタンスのデータオブジェクトのプロパティは、HTMLテンプレートに記述した**マスタッシュ構文**でバインドできます。

`{{ msg }}` ──────── msgプロパティにアクセス

実は、マスタッシュ構文にはVueインスタンスのプロパティだけでなく、JavaScriptの式を記述できます。

次の例は、Vueインスタンスのデータオブジェクトに、**name**（名前）、**hYear**（平成の生年月日）、**tel**（カンマ区切りの電話番号）の3つのプロパティを用意しています。

● sample-m1.js

```
var app = new Vue({
    el: '#app',
```

```
        data: {
            name: " 山田太郎 ",
            hYear: 3,
            tel: '03,5355,0000'
        }
    });
```

これを次の形式で表示する例を示します。

図2-1-1　sample-m1.jsの表示例

次にHTMLファイルのリストを示します。

●sample-m1.html（一部）

```
<div id="app">
    <h1>{{ 'こんにちは' + name + 'さん' }}</h1>   ❶
    <p>平成 {{ hYear }} 年は西暦 {{ hYear + 1988 }} 年 </p>   ❷
    <p>{{ tel.split(',').join('-') }}</p>   ❸
</div>
```

❶では+演算子による文字列の連結、❷では同じく+演算子による数値の足し算を行っています。

❸ では **String** 型の **split()** メソッドで、「03,5355,0000」をカンマ「,」で分割して配列にして、さらに **join()** メソッドで各要素を「-」で連結しています。

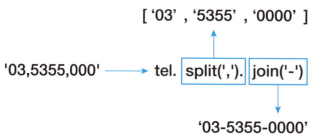

マスタッシュ構文の注意点

ただし、マスタッシュ構文に記述できるのは値を戻す式で、宣言文やif文など値を戻さない文を記述することはできません。

```
{{ var num = 4 }}      ←変数を宣言して値を代入するとエラー

{{ num = 4 }}      ←これは文だが 4 という値を戻すので OK

{{ if (up) count = 3 }}      ←if 文を記述するとエラー
```

また、次のように「**++演算子**」でプロパティをカウントアップするような式もエラーとなります。

```
{{ ++count }}
```

「{{ ++count }}」はどうしてダメなのかしら？

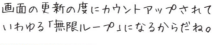
画面の更新の度にカウントアップされていわゆる「無限ループ」になるからだね。

なるほど！

MathオブジェクトやDateオブジェクトにアクセスする

マスタッシュ構文内では、Vueインスタンスのプロパティやメソッドだけでなく、**Date**や**Math**などの一部のJavaScriptオブジェクトにアクセスできます。

次の例は、DateオブジェクトとMathオブジェクトの使用例です。

●math-date1.html（一部）

```
<div id="app">
    <p>今年は {{ (new Date()).getFullYear() }} 年 </p>  ❶
    <p>切り捨て : {{ Math.floor(num) }} </p>  ❷
</div>
```

●math-date1.js

```
var app = new Vue({
    el: '#app',
    data: {
        num: 29.54  ❸
    }
});
```

❶で現在時刻のDateオブジェクトを生成して、**getFullYear()** メソッドで年を求めています。❷はMathオブジェクトの **floor()** メソッドを使用して、**num**プロパティの値の小数点以下を切り捨てています。

Vueオブジェクトのコンストラクタでは、❸でnumプロパティを定義し適当な値を代入しています。

図2-1-2 DateオブジェクトとMathオブジェクトを使用する

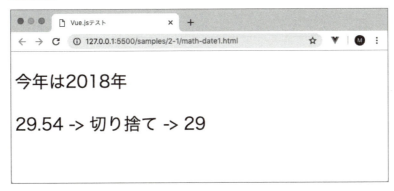

マスタッシュ構文の中に式を記述することで複雑な処理ができそうですね。

いや、あまり長い処理を記述するとテンプレートの見通しが悪くなるのよね。実際には、長い処理はメソッドや、Lesson 2-4「処理した値を戻す算出プロパティ」で説明する算出プロパティとして定義したほうがいいよ。

2-1-2 データをリアクティブシステムにするための注意点

　これまでもなんどか説明したように、データバインディングはVueインスタンスのデータと画面の描画を同期させる仕組みです。Vueの**リアクティブシステム**の中核となるものです。Vueインスタンスのデータを、HTML部分のテンプレートとバインドすることによって、データの変更がDOMにリアルタイムに反映されます。

　データをリアクティブにするための注意点としては、「**Vueインスタンスの生成時にコンストラクタでデータを登録しておかなくてはならない**」という点があります。言い換えると、あとからVueインスタンスに追加されたデータは、リアクティブにはなりません。

　次の例を見てみましょう。

●reactive-test1.html（一部）

```
<p>msg1: {{ msg1 }}</p>  ❶
<p>msg2: {{ msg2 }}</p>  ❷
```

●reactive-test1.js

```
var app = new Vue({
    el: '#app',
    data: {
        msg1: 'こんにちは'  ❸
    }
```

```
    });

    // Vueインスタンスにデータを追加
    app.msg2 = 'さようなら';   ❹
```

❶❷でマスタッシュ構文により msg1 プロパティと msg2 プロパティをバインドしています。

❸で Vue インスタンスのコンストラクタに msg1 プロパティを用意し 'こんにちは' を代入しています。

❹で Vue インスタンス「app」の msg2 プロパティに 'さようなら' を代入しています。ただし、Vue のコンストラクタでは msg2 プロパティは登録していません。したがって❹が実行された時点で msg2 プロパティが生成されてしまいます。この場合には、リアクティブシステムは、msg2 への文字列の代入を検知できません。

図2-1-3 reactive-test1.htmlの実行画面

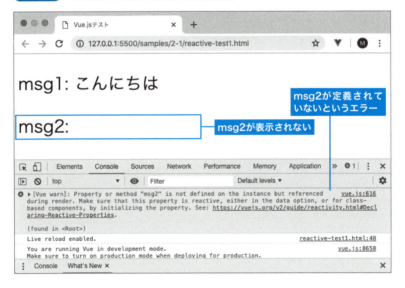

あとからデータを設定したい場合には、あらかじめデータオブジェクトにダミーのデータを設定しておきます。

● reactive-test2.js

```
    var app = new Vue({
```

```
        el: '#app',
        data: {
            msg1: 'こんにちは',
            msg2: ''  ❶
        }
    });

    // msg2プロパティに文字列を代入
    app.msg2 = 'さようなら'; ❷
```

❶で msg2 を Vue コンストラクタで定義し空文字列''（シングルクォーテーション2つ）に設定しています。

これで❷の msg2 プロパティへの代入が反映されます。

図2-1-4 reactive-test2.htmlの実行画面

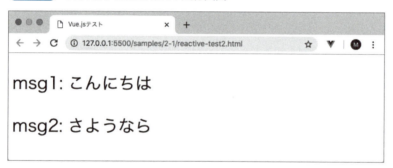

データオブジェクトに配列やオブジェクトを登録しておいて、それをマスタッシュ構文で表示するとどうなるの？

```
var app = new Vue({
    el: '#app',
    data: {
        msg1: { name: '山田', age: 44 },
        msg2: ['春', '夏', '秋', '冬']
    }
});
```

単にマスタッシュ構文で{{ msg1 }}や{{ msg2 }}のように指定すると、そのまま描画されるんだね

```
<p>msg1: {{ msg1 }}</p>
<p>msg2: {{ msg2 }}</p>
```

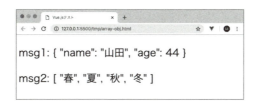

要素を個別に表示することはできるのですか？

v-forというディレクティブを使うと要素を順に表示できるんだ。それについては次のChapterで説明するね。

2-1-3 マスタッシュ構文を一度だけ展開する v-onceディレクティブ

v-onceディレクティブを使用することで、マスタッシュ構文を一度だけ展開することができます。

次の例を見てみましょう。

●v-once1.html（一部）

```
<div id="app">
    <button @click="msg1 = 'さようなら'">クリックして</button>   ❶
    <p v-once>{{ msg1 }}</p>   ❷
    <p>{{ msg1 }}</p>   ❸
</div>
```

●v-once1.js

```
var app = new Vue({
    el: '#app',
    data: {
        msg1: 'こんにちは'   ❹
    }
});
```

❷❸でマスタッシュ構文により❹で定義した**msg1**プロパティを表示していますが、❷のみ**v-once**ディレクティブを指定しています。

❶では**@click**ディレクティブにより、ボタンがクリックされたらmsg1プロパティに'**さようなら**'を代入しています。

実行してみましょう。ボタンをクリックすると❷のみ表示が更新されます。

図2-1-5　v-onceディレクティブのテスト

2-1-4 HTMLを埋め込むには v-htmlディレクティブを使用する

マスタッシュ構文では、テンプレート内にHTMLタグを埋め込むことはできません。HTMLタグがエスケープされてしまい単なる文字列として表示されます。

HTMLタグを、タグとして解釈するにはマスタッシュ構文ではなく **v-htmlディレクティブ** を使用します。

```
<p>{{ HTMLタグを含む値 }}</p>
```
タグがエスケープされる

↓

```
<p v-html="HTMLタグを含む値"><p>
```
タグが解釈される

次の例を見てみましょう。

● v-html1.js

```
1  var app = new Vue({
2      el: '#app',
3      data: {
4          msg1: 'こんにちは<span style="font-size:2em;color:red">vue.js</span>の世界へ' ❶
5      }
6  });
```

❶で、のmsg1プロパティに、スタイルを設定した**<span>**タグを埋め込んでいます。

HTMLテンプレートでは、msg1プロパティを、マスタッシュ構文と**v-html**ディレクティブの両方で表示して例を示します。

●v-html1.html（一部）

```
<div id="app">
    <p>{{ msg1 }}</p>
    <p v-html="msg1"></p>
</div>
```

実行結果は次のようになります。

図2-1-6　v-htmlディレクティブのテスト

なるほど、Ajaxなどで任意のサイトから受け取ったデータをタグとして解釈するといった場合には、特に気をつけなくてはダメですね。

v-htmlディレクティブを使用すると任意のHTMLタグを解釈して実行できてしまうので、使用に当たっては注意が必要だね。

それと、実は次のようなマスタッシュ構文は v-text ディレクティブとして記述しても同じだよ

```
<p>{{ msg1 }}</p>
     ↓
<p v-text="msg1"></p>
```

これはマスタッシュ構文の方がわかりやすいわね！

マスタッシュ構文を展開しないで文字そのものとして表示することもできるのですか？

v-pre ディレクティブを指定すればOKだね

```
<p v-pre>{{ msg1 }}</p>
```

HTMLの〈pre〉タグのようなイメージね

Lesson 2-2

v-bindディレクティブをマスターしよう

HTMLの属性をバインドする

VueインスタンスのプロパティをバインドできるのはHTML要素のコンテンツ部分だけではありません。v-bindディレクティブを使用すると、HTMLの属性にデータをバインドすることができます。

属性がバインドできるとさらに自由度が高まりますね！

どういうこと？

例えば、a要素のhref属性にURLをバインドすれば、ジャンプ先を自由に設定できるわけだね。

2-2-1 v-bindディレクティブによる属性のバインド

　HTMLタグには要素に応じて色々な属性が設定可能ですが、VueインスタンスのデータをHTML属性にバインドすることができます。
　ただし、HTMLの属性はマスタッシュ構文ではバインドできません。**v-bindディレクティブ**を次の書式で使用します。

```
v-bind:属性値="値"
```

次に、a要素のhref属性にリンク先のデータをバインドして、文字列をクリックするとGoogleの検索ページにジャンプする例を示します。

図2-2-1 v-bindディレクティブでhref属性にバインド

●v-bind1.html（一部）

```
<div id="app">
    <p><a v-bind:href="toGoogle">Google 検索へ</a></p>  ❶
</div>
```

❶で**v-bind:href**により、**href**属性に**toGoogle**プロパティをバインドしています。

Vueインスタンス側では**toGoogle**プロパティにURLを設定しています。

●v-bind1.js

```
var app = new Vue({
    el: '#app',
    data: {
```

```
        toGoogle: 'http://google.com'
    }
});
```

マスタッシュ構文と同じようにv-bindディレクティブにも式やメソッドを指定できるの？

できるよ。例えばtoGoogleプロパティが'google.com'の場合、次のように「v-bind:href」で'http://'と+演算子で連結しても同じ結果になるね。

`<a v-bind:href="'http://' + toGoogle">Google 検索へ</a>`

v-bindディレクティブの省略形

v-bindディレクティブの「**v-bind:属性値**」の形式は頻繁に使用するため、次のような省略形が用意されています。

v-bind:属性値=" 値 "

:属性値=" 値 "

v-bind1.htmlのa要素は次のようにしても同じです。

```
<a v-bind:href="toGoogle">Google 検索へ</a>
```

↓

```
<a :href="toGoogle">Google 検索へ</a>
```

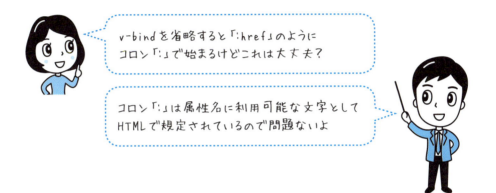

2-2-2 おみくじを表示する

v-bindディレクティブの使用例として、**img**要素の**src**属性にイメージファイルのパスをバインドする例を示しましょう。

「占う」ボタンをクリックすると、「大吉」「吉」「凶」のおみくじのイメージをランダムに表示しています。

図2-2-2　おみくじ

●omikuji1.html(一部)

```
<div id="app">
    <button name="myBtn" @click="uranau()">占う</button> ❶
  <div>
    <img
        v-bind:src="kuji" ❷
        width="300"
        height="200"
        alt=" おみくじ "
    />
  </div>
</div>
```

❶でボタンのクリックイベントに **uranau()** メソッドを指定しています。
❷でv-bindディレクティブでimg要素のsrc属性に **kuji** プロパティを設定しています。

次にVueインスタンスを生成するJavaScriptファイルを示します。

●omikuji1.js

```
1   var app = new Vue({
2       el: '#app',
3       data: {
4           kuji: 'figs/omikuji.png', ❶
5           kujis: ['daikichi.png', 'kichi.png', 'kyou.png'] ❷
6       },
7       methods: {
8           uranau: function() { ❸
9               this.kuji =
10                  'figs/' +
11                  this.kujis[
12                      Math.floor(Math.random() * this.kujis.length)
13                  ];
14          }
15      }
16  });
```

表示するイメージファイルは、figsディレクトリに4つ用意しています。

図2-2-3　figsディレクトリに格納されている4つのイメージファイル

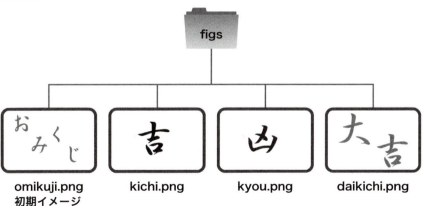

データオブジェクトとしては、❶のkujiプロパティでおみくじの初期画像「omikuji.png」を設定しています。

❷のkujisプロパティは、配列で、各要素にdaikichi.png（大吉）、kichi.png（吉）、kyou.png（凶）の3つのイメージファイル名を代入しています。

❸がuranau()メソッドの定義です。Mathオブジェクトのrandom()メソッドで乱数を生成して、配列kujisの長さをかけて、floor()メソッドで切り捨てることで「0～配列kujisの要素数」の整数を生成し、それを配列kujisのインデックスとして使用しています。

```
Math.floor( Math.random() * this.kujis.length )
             0～配列kujisの要素数未満
             の乱数を生成
```
小数点以下を切り捨てる

これで配列kujisからランダムにイメージファイル名が取り出されるので「'figs/'」と連結して、kujiプロパティに代入しています。

floor()メソッドってなんだっけ。

小数点以下を切り捨てているメソッドだね。

ceil()が切り上げですね。floorは床、ceilは天井だからイメージがわきやすいですね。

2-2-3 属性をまとめて設定する

次のように、**v-bind**ディレクティブに、JavaScriptのオブジェクトを設定したVueインスタンスのプロパティを代入すると、属性値をまとめて設定できます。

> **v-bind="オブジェクトを設定したプロパティ"**

オブジェクトは、HTMLの属性名をキーに設定します。例えば**img**要素の**src**、**width**、**height**、**alt**の4つの属性を設定したオブジェクトの例を示します。

```
{
    src: "figs/omikuji.png",
    width: "300",
    height: "200",
    alt: "おみくじ"
}
```

おみくじアプリで属性をオブジェクトとして設定する

前述のomikuji1.htmlを、v-bindディレクティブでオブジェクトのプロパティをバインドするように変更した例を示します。

●omikuji2.html（一部）

```
<div id="app">
    <button name="myBtn" v-on:click="uranau()">占う</button>
    <div><img v-bind="imageAttrs" /></div> ❶
</div>
```

❶でv-bindディレクティブにオブジェクトである**imageAttrs**プロパティを設定しています。
Vueインスタンスのコンストラクタ側では次のように設定します。

●omikuji2.js

```js
var app = new Vue({
    el: '#app',
    data: {
        // kuji: 'figs/omikuji.png',
        kujis: ['daikichi.png', 'kichi.png', 'kyou.png'],
        imageAttrs: {
            src: "figs/omikuji.png",
            width: "300",
            height: "200",
            alt: "おみくじ"
        }
    },
    methods: {
        uranau: function() {
            console.log(this.imageAttrs)
            this.imageAttrs.src = ❷
                'figs/' +
                this.kujis[
                    Math.floor(Math.random() * this.kujis.length)
                ];
        }
    }
});
```

「これは不要になる」(line 4)

❶が属性をまとめてJavaScriptのオブジェクトとして設定した**imageAttrs**プロパティです

uranai()メソッドでは、❷で**imageAttrs**の**src**プロパティにイメージのパスを代入している点に注目してください。

Lesson 2-3

Vue インスタンスで CSS をコントロールしよう
スタイルとクラスのバインド

v-bindディレクティブを使用すると、その他の属性と同じようにインラインスタイルとクラスを動的にバインドすることが可能です。インラインスタイルとクラスの設定方法は、前節で説明したその他の属性値とは多少異なるので注意しましょう。

Vue.jsではスタイルシートも動的にコントロールできるのね！

僕は、CSSによるデザインはちと苦手…

頑張って（笑）

2-3-1 スタイルシートをバインドする

　　v-bindディレクティブでは、HTMLの**style**属性、つまりインラインの**スタイルシート**をバインドできます。

```
v-bind:style="設定値"
```

　　設定値はオブジェクト形式です。CSSのプロパティをキーに設定して、値にはVueインスタンスのデータをバインドできます。これを「**オブジェクト構文**」と言います。

```
v-bind:style="{CSSプロパティ1：値1, CSSプロパティ2：値
2, .... }"
```

値には、Vueインスタンスのプロパティを直接記述するだけでなくJavaScriptの式が記述できます。次に、p要素にv-bindディレクティブを使用してインラインスタイルを設定する例を示します。

●style1.html（一部）

```
<p v-bind:style="{color: color, textAlign: align,
fontSize: size + 'em'}">こんにちは</p>
```

この例では、CSSの**color**プロパティ、**textAlign**プロパティ、**fontSize**プロパティの3つを、Vueインスタンスのプロパティにバインドしています。最後のfontSizeプロパティは、+演算子でsizeプロパティの値と文字列'em'を連結しています。

CSSのプロパティは「**text-align**」のようにハイフン区切りの**ケバブケース**ですが、v-bindでバインドする場合には「**textAlign**」のように**キャメルケース**で記述する点に注意してください。

Vueインスタンス側では、データオブジェクトに**color**、**align**、**size**の3つのプロパティを用意しています。

●style1.js

```
var app = new Vue({
    el: '#app',
    data: {
        color: 'blue',
        align: 'center',
        size: '3'
    }
});
```

実行結果は次のようになります。文字列が青（blue）、中央寄せ（center）、サイズが3emで表示されています。

図2-3-1　インラインスタイルのバインド

ケバブケースとかキャメルケースってなんだっけ？

変数名やプロパティ名など、名前の命名規約だね。次ページのcolumn「キャメルケースとケバブケース」にまとめてあるので参考にして。

v-bind:styleでは、例えば「text-align」なら「textAlign」のようにCSSのプロパティをキャメルケースに変換して指定しているけど、そのまま指定することはできないのですか？

クォーティングすればOKだよ。

```
<p v-bind:style="{color: color,
textAlign: align, fontSize: size +
'em'}">こんにちは</p>
```

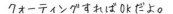

```
<p v-bind:style="{color: color, 'text-
align': align, 'font-size': size +
'em'}">こんにちは</p>
```

なるほど、クォーティングすればケバブケースでもキャメルケースでもOKね！

COLUMN

キャメルケースとケバブケース

変数名や関数名、属性名などの名前のことを**識別子**と言います。複数単語からなる識別子の命名規約にはいくつかの方法がありますが、Vueアプリケーションでは、主に**キャメルケース**（Camel Case）と**ケバブケース**（kebab-case）の2種類が使用されます。

▪ キャメルケース

最初の単語以外の単語の先頭を大文字で記述します。ラクダ（camel）のこぶのように見えるためにそう呼ばれています。主に、JavaScriptの変数名や関数名に使用されます。

例：

```
myName
theApp
```

▪ ケバブケース

単語をハイフン「-」で接続します。語源はケバブ（串焼き肉）です。主にHTMLやCSSの属性名やクラス名、プロパティ名など使用されます。

例：

```
main-area
font-name
```

なお、JavaScriptではハイフン（-）はマイナス記号となりますので、ケバブケースはJavaScriptプログラム部分の識別子には使えません。

2-3-2　ボタンのクリックでテキストの配置を設定する

「**v-bind:style**」によって、インラインスタイルにバインドしたプロパティもリアクティブ、つまりデータの変更が即座にDOMに反映されます。

ここでは、ボタンをクリックすると、CSSの**text-align**プロパティにバインドしたVueインスタンスの**align**プロパティを変更して、それがスタイルに反映されることを確かめる例を示します。

図2-3-2　テキストの配置をコントロール

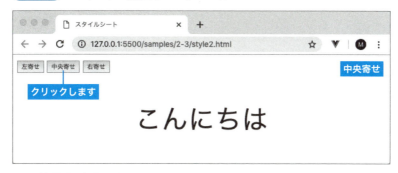

●style2.html（一部）

```
1  <div id="app">
2      <div>
3          <button @click="setAlign('left')">左寄せ</button>
4          <button @click="setAlign('center')">中央寄せ</button>
5          <button @click="setAlign('right')">右寄せ</button>
6          <p v-bind:style="{color:color, textAlign:align, fontSize:size}">こんにちは</p> ❷
7      </div>
8  </div>
```

❶では3つのボタンを用意して、**setAlign()** メソッドをそれぞれ'left'、'center'、'right'を引数に呼び出しています。❷で「**v-bind:style**」によりインラインスタイルをバインドしています。

●style2.js

```
var app = new Vue({
    el: '#app',
    data: {
        color: 'blue',
        align: 'center',
        size: '3em'
    },
    methods: {
        setAlign: function(align) {
            this.align = align;
        }
    }
});
```

❶で **setAlign()** メソッドを定義して、引数 **align** を **align** プロパティに代入しています。

2-3-3 インラインスタイルをオブジェクト指定する

ここまでの例では、「**v-bind:style**」を使用してインラインスタイルを個別のプロパティとして指定していましたが、オブジェクトのプロパティとしてまとめて指定することもできます。

> **v-bind:style="{ プロパティ1：値1, プロパティ2：値2, ... }"**
>
> ↓
>
> **v-bind:style="オブジェクト"**

次に、style2.htmlを、オブジェクトのプロパティとしてインラインスタイルをバインドするように変更した例を示します。

● style3.html（一部）

```
<div>
    <button @click="setAlign('left')">左寄せ</button>
    <button @click="setAlign('center')">中央寄せ</button>
    <button @click="setAlign('right')">右寄せ</button>
    <p v-bind:style="myStyle">こんにちは</p>   ❶
</div>
```

❶で「v-bind:style」にmyStyleプロパティを設定しています。

●style3.js

```js
var app = new Vue({
    el: '#app',
    data: {
        myStyle: {
            color: 'blue',
            textAlign: 'center',     ❶
            fontSize: '3em'
        }
    },
    methods: {
        setAlign: function(align) {
            this.myStyle.textAlign = align;
        }
    }
});
```

❶でmyStyleプロパティを、CSSのプロパティをキーとするオブジェクトとして定義しています。

2-3-4 インラインスタイルを オブジェクトの配列で指定する

次のように「v-bind:style」に、CSSのプロパティをキーに設定したオブジェクトを要素とする配列を渡すことができます。

```
v-bind:style="[オブジェクト1, オブジェクト2, ...]"
```

これを「**配列構文**」と言います。次の例は「myStyle」と「newStyle」の2つを指定しています。

●style4.html（一部）

```
<p v-bind:style="[myStyle, newStyle]">こんにちは</p>
```

Vueインスタンスのコンストラクタでは、次のように2つのオブジェクトを定義します。

●style4.js

```
var app = new Vue({
    el: '#app',
    data: {
        myStyle: {
            color: 'blue',
            textAlign: 'center',     ❶
            fontSize: '3em'
        },
        newStyle: {
            backgroundColor: "yellow",   ❷
            fontSize: '4em'
        }
    }
});
```

❶でmyStyleを、❷でnewStyleを定義しています。

図2-3-3　スタイルを配列構文で指定

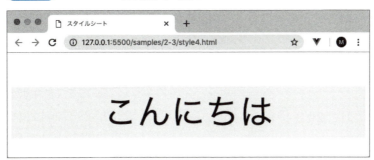

myStyleとnewStyleでは
fontSizeがダブっていますが..

重複した要素がある場合には
あとから指定したものが優先されるよ。

この場合もCSSのプロパティには
ケバブケースも使えるの？

クオーテーションで囲めばOKだよ。

fontSize: '4em'

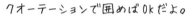

'font-size': '4em'

2-3-5 クラスのバインド

続いて、v-bindディレクティブで**class属性**をバインドする方法について説明しましょう。設定方法に多少クセがあるので注意してください。

値がtrueのクラスが有効になる

クラスをバインドするには、「**v-bind:class**」にクラス名をキーにしたオブジェクトを代入します。複数ある場合にはカンマ「,」で区切ります。

```
v-bind:class="{クラス名1: 値1, クラス名2: 値2, ...}"
```

この時、値が**true**の場合に、そのクラスが有効になります。
簡単な例を示しましょう。

●class1.html（一部）

```
1   <head>
2       <meta charset="UTF-8" />
3       <title> クラスの設定 </title>
4       <style>
5           .center {
6               text-align: center
7           }
8           .big {                              ❶
9               font-size: 4em;
10              color: red;
11          }
12      </style>
13  </head>
14  <body>
15      <div id="app">
16          <button @click="enhance=!enhance"> クリックして </button> ❷
17          <p v-bind:class="{center: true, big: enhance}">Vue.js の世界 </p> ❸
18      </div>
```
〜略〜

　ここでは❸のp要素に「**v-bind:class**」を使用して❶で定義した**center**クラスと**big**クラスを割り当てています。

　この時、**center**クラスの値は**true**に設定されているため、常に**center**クラスが適用されます。また**big**クラスには**enhance**プロパティが設定されているため、その値が**true**の場合には**big**クラスが有効になります。

　例えば、**enhance**プロパティが**true**の場合には次のように展開されます。

```
<p v-bind:class="{center: true, big: enhance}">Vue.jsの世界 </p>
```

　↓　enhanceプロパティがtrueの場合

```
<p class="center big">Vue.jsの世界 </p>
```

Lesson 2-3 スタイルとクラスのバインド

❷のボタンでは、@clickディレクティブにより、クリックされるごとに、enhanceプロパティの値を反転させています。

次にVueインスタンス側のリストを示します。

●class1.js

```
var app = new Vue({
    el: '#app',
    data: {
        enhance: false  ❶
    }
});
```

❶でenhanceプロパティを用意して、初期値をfalseに設定しています。

図2-3-4　enhanceプロパティがtrueになるとbigクラスも有効に

v-bind:classは、普通のclass属性と同時に指定できるの？

できるよ。こんな感じに。

```
<p v-bind:class="{center: true, big: 
enhance}" class="yellow-back">Vue.jsの世
界</p>
```

同時に指定するとv-bindによるクラス設定とclass属性によるクラス設定がマージされるんだ。上記の例では、enhanceプロパティがtrueの場合、次のように展開されるね。

```
<p class="center big yellow-back">Vue.
jsの世界</p>
```

ある条件がtrueの場合に、複数のクラスを同時にオンにすることはできるのですか？

それもOK。クラス名をスペースで区切ってクォーティングすればいいんだ。
次の例では、enhanceプロパティがtrueの場合にcenterクラスとbigクラスをオンにするには次のようにすればいい。

```
<p v-bind:class="{'center big': 
enhance}">Vue.jsの世界</p>
```

配列でクラスを指定する

「v-bind:style」によるインラインスタイルと同じく、**v-bind:class**では配列構文でクラス指定することもできます。この場合、配列の要素はVueインスタンスのプロパティを指定します。

> **v-bind:class="[プロパティ1, プロパティ2, ...]"**

次に例を示します。

●class2.html（一部）

```
<style>
    .center {
        text-align: center
    }
    .big {
        font-size: 4em;
        color: red;
    }
</style>
～略～
<div id="app">
    <p v-bind:class="[centerClass, bigClass]">Vue.jsの世界</p>  ❶
</div>
```

❶で配列構文でクラスを指定しています。

●class2.js

```
var app = new Vue({
    el: '#app',
    data: {
        centerClass: 'center',
        bigClass: 'big'
    }
});
```

❶

❶でcenterClassプロパティとbigClassプロパティに、それぞれCSSのcenterクラスとbigクラスを割り当てています。

図2-3-5 配列構文でクラスを指定

配列内の要素で指定したクラスを条件に応じて切り替えるには

　配列内の要素で指定したクラスのオン／オフを条件に応じて、切り替えることもできます。それには、配列構文の要素にオブジェクト構文を組み合わせます。
　class1.html（p.87）と同じように、ボタンのクリックでbigクラスのオン／オフを切り替えるには、次のようにします。

●class3.html（一部）

```
1  <div id="app">
2      <button @click="enhance=!enhance">クリックして</button>
3      <p v-bind:class="[centerClass, {big: enhance}]">Vue.js
   の世界</p>  ❶
4  </div>
```

❶で、**enhance**プロパティが**true**の時に**big**クラスを有効にしています。

●class3.js

```
var app = new Vue({
    el: '#app',
    data: {
        enhance: false,  ❶
        centerClass: 'center',
    }
});
```

Vueインスタンス側では❶で**enhance**プロパティを登録し初期値を**false**にしています。

Lesson 2-4　プロパティを活用しよう
処理した値を戻す算出プロパティ

ここでは、Vueインスタンス内のデータに何らかの処理を行った結果を、プロパティとして扱うことができる算出プロパティについて説明しましょう。算出プロパティを活用するとHTMLテンプレートに複雑な式を記述する必要がなくなります。

算出プロパティとは、なんかわかりそうでわからない用語ですね。

算出プロパティを使うと、複雑になりがちなマスタッシュ構文もすっきりと記述できるよ。

頑張ってマスターしなきゃ。

2-4-1　算出プロパティの基礎を知る

算出プロパティ（Computed Property）とは、データに何らかの処理を行った結果をプロパティとして扱えるようにした機能です。

算出プロパティ自体は、値を保持せずに、他のプロパティの値を処理した結果を返したり、プロパティに値を設定したりすることができます。

Vue.jsではテンプレートのマスタッシュ構文やv-bindディレクティブにJavaScriptの式を記述することができますが、多用しすぎると見通しが悪くなり、また修正などが難しくなります。そのような場合には、処理に名前をつけてプロパティとしてアクセスできるようにした算出プロパティが活躍します。

算出プロパティの書式

算出プロパティは、Vueオブジェクトのコンストラクタに、**computed**キーのオブジェクトとして登録します。次のように、プロパティ名をキーに、処理を関数として記述します。

```
computed: {
    プロパティ名1: function(){
        処理
        return 戻り値
    },
    プロパティ名2: function() {
        処理
        return 戻り値
    }
}
```

関数の戻り値が、算出プロパティの値となるわけです。

算出プロパティを使わずにマスタッシュ構文で円の面積を表示

半径が hankei プロパティに格納されている円の面積を、小数点以下一桁で表示する例を考えます。比較のために、まずこれをマスタッシュ構文内の式で記述すると次のようになります。

●comp-prop1.html（一部）

```
1  <div id="app">
2      <p>半径：{{ hankei }} -> 面積:{{ (Math.PI * hankei * hankei).toFixed(1) }}</p> ❶
3  </div>
```

●comp-prop1.js

```
var app = new Vue({
    el: '#app',
    data: {
        hankei: 10
```

```
        }
    });
```

❶で「円周率 x 半径 x 半径」で面積を求め、**toFixed()** メソッドで小数点以下1桁に四捨五入しています。これを見るとわかるように、式が長いため、せっかくのマスタッシュ構文も一見してわかりづらくなっています。

図2-4-1 comp-prop1.htmlの実行結果

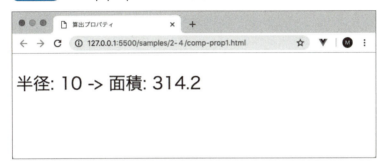

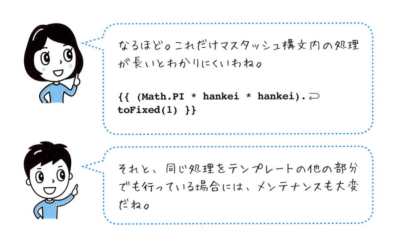

算出プロパティで円の面積を求める

前述の例を、マスタッシュ構文に直接式を記述する代わりに **menseki** 算出プロパティを使うように変更すると次のようになります。

●comp-prop2.js

```js
1  var app = new Vue({
2      el: '#app',
3      data: {
4          hankei: 10
5      },
6      computed: {
7          menseki: function() {
8              return (Math.PI * this.hankei * this.hankei).toFixed(1);
9          }
10     }
11 });
```

❶

❶でmenseki算出プロパティを定義しています。関数の中身では、前述のマスタッシュ構文に記述した式をそのままreturn文に記述しています。

こうするとHTMLテンプレート側がシンプルになります。

●comp-prop2.html（一部）

```html
<div id="app">
    <p>半径：{{ hankei }} -> 面積：{{ menseki }}</p>  ❶
</div>
```

❶でマスタッシュ構文でmenseki算出プロパティを使用しています。算出プロパティを使用する前と比べてわかりやすくなっていると思います。

```html
<p>半径：{{ hankei }} -> 面積：{{ (Math.PI * hankei * hankei).toFixed(1) }}</p>
```

↓ 算出プロパティに変更

```html
<p>半径：{{ hankei }} -> 面積：{{ menseki }}</p>
```

2-4-2 算出プロパティの代わりにメソッドでもOK？

「算出プロパティは引数のないメソッド同じような機能では？」と思った人も多いと思います。実際、前述のcomp_prop1.jsの場合、算出プロパティの代わりに、次のようにメソッドを定義しても同じです。

●comp-prop3.js

```
1  var app = new Vue({
2      el: '#app',
3      data: {
4          hankei: 1
5      },
6      methods: {
7          menseki: function() {  ❶
8              return (Math.PI * this.hankei * this.hankei).toFixed(1);
9          }
10     }
11 });
```

❶でmenseki()メソッドを定義しています。算出プロパティと異なり「computed:」ではなく「methods:」内で定義していますが中身は全く同じです。

menseki()メソッドを呼び出すHTMLテンプレート側は次のようになります。

●comp-prop3.html

```
<div id="app">
    <p>半径：{{ hankei }} - 面積：{{ menseki() }}</p>
</div>
```

算出プロパティの場合「menseki」でしたが、これをメソッドした場合には最後に()をつけてmenseki()とする必要があるね。

なるほど、v-on:click(@click)でメソッドを指定する場合には、引数がないと気には最後の()は不要だったけど、この場合にはJavaScriptの式として記述しなければならないので必要ね。気をつけないと。

2-4-3 算出プロパティとメソッドの実行タイミングの相違について

メソッドとの算出プロパティの相違は「引数の有無」だけではありません。「**実行されるタイミング**」があります。

メソッドの場合、画面が更新するたびに実行されますが、算出プロパティの場合には結果がキャッシュされ、依存するデータが変更されない限り実行されません。

次の例では、Vueインスタンスで、**dateProp**算出プロパティと**dateMethod()**メソッドを定義しています。どちらも現在の日付時刻を戻します。

● prop-method.js

```
var app = new Vue({
    el: '#app',
    data: {
        msg: 'Hello'
    },
    computed: {
        dateProp: function() {          ❶
            return new Date().toLocaleString();
        }
    },
    methods: {
```

```
        dateMethod: function() {
            return new Date().toLocaleString();   ❷
        }
    }
});
```

❶でdateProp算出プロパティを、❷でdateMethod()メソッドを定義しています。どちらも「new Date()」で現在の日付時刻のDateオブジェクトを生成して、toLocaleString()で文字列に変換して戻しています。

この時、どちらも関数の処理には依存するプロパティがないことに注目してください。

次に、HTMLテンプレート側のリストを示します。

●prop-method.html（一部）

```
<div id="app">
    <input name="msg" type="text" v-model="msg" />  ❶
        <p>{{ msg }}</p>  ❷
        <p>算出プロパティ：{{ dateProp }}</p>  ❸
        <p>メソッド：{{ dateMethod() }}</p>  ❹
</div>
```

HTMLテンプレート側では、❶でテキストボックスにv-modelディレクティブでmsgプロパティをバインドして、❷でマスタッシュ構文でその値をそのまま表示するようにしています。

❸でdateProp算出プロパティの値を、❹でdateMethod()メソッドの値をマスタッシュ構文で表示しています。

これを実行してみましょう。テキストボックスの文字列を変更すると、入力した文字列がその下のp要素にそのまま表示されます。この時❹のdateMethod()メソッドの値は更新されますが、dateProp算出プロパティの値はそのままです。

図2-4-2 メソッドと算出プロパティの相違

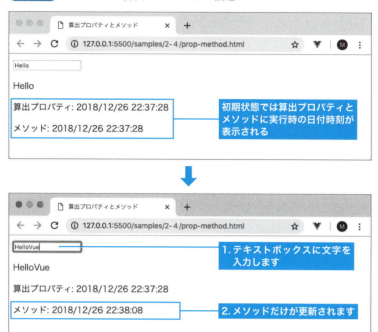

それでは問題。算出プロパティも更新されるようにするにはどうすればいいかな？

例えば、こんなふうにmsgプロパティの値をダミーの変数に代入すればいいのですね。

```
dateProp: function() {
    var test = this.msg      ← 追加する
    return new Date().toLocaleString();
}
```

なるほど、こうすると算出プロパティはmsgプロパティに依存するようになるわけね。

2-4-4 算出メソッドから別の算出プロパティやメソッドにアクセスする

算出プロパティの関数の内部では、次の形式で、他のプロパティや算出プロパティ、メソッドにアクセスできます。

```
this.プロパティ名
this.算出プロパティ名
this.メソッド名()
```

例を示しましょう。Vueインスタンスのプロパティとして名前（name プロパティ）と誕生日（dateOfBirth プロパティ）があるとします。

```
data: {
    name: '田中一郎',
    dateOfBirth: new Date('2000/9/10')
}
```

これらのデータから、年齢と年齢に応じた料金を表示する例を示します。料金は13才以上であれば1000円を、13才未満であれば500円にしています。

図2-4-3　誕生日から年齢と年齢に応じた料金を表示する

次に、算出プロパティとして誕生日から年齢を求める age と、年齢から料金を求める fare を定義する例を示します。

● comp-prop4.js

```js
var app = new Vue({
    el: '#app',
    data: {
        name: '田中一郎',
        dateOfBirth: new Date('2000/9/10')
    },
    computed: {
        age: function() {
            var today = new Date();
            // 今年の誕生日
            var birthdayOfThisYear = new Date(
                today.getFullYear(),
                this.dateOfBirth.getMonth(),
                this.dateOfBirth.getDate()
            );
            // 年齢を求める
            var age = today.getFullYear() - this.dateOfBirth.getFullYear();
            // 誕生日が過ぎていなければ1を引く
            if (today < birthdayOfThisYear) {
                --age;
            }
            return age;
        },
        fare: function() {
            // 13才以上1000円、13才未満500円
            if (this.age >= 13) {
                return 1000;
            } else {
                return 500;
            }
        }
    }
});
```

❶でプロパティとして**name**と**dateOfBirth**を用意しています。dateOfBirthはDateオブジェクトとしています。

❷で**age**算出プロパティを定義しています。次のような手順で年齢を求めています。

1. 今年の誕生日のDateオブジェクト「birthdayOfThisYear」を生成する
2. birthdayOfThisYearの年から、dateOfBirthの年を引いて変数ageに格納する
3. 今年の誕生日を過ぎていなければageから1を引く

❸で料金を戻す**fare**算出プロパティを定義しています。13才以上であれば1000を、そうでなければ500を戻しています。

❹では**this.age**としてage算出プロパティの値を参照している点に注目してください。

HTMLテンプレートでは、マスタッシュ構文により、**name**プロパティ、および**age**算出プロパティと、**fare**算出プロパティを表示しています。

●comp-prop4.html

```
<div id="app">
    <h1>{{ name }} {{ age }}才</h1>
    <p>料金は{{ fare }}円</p>
</div>
```

2-4-5 算出プロパティの値を設定する

算出プロパティの値は取得するだけでなく設定することも可能です。その場合、次のように**get**で値を取得する関数を、**set**で値を設定する関数を定義します。

```
computed: {
    プロパティ名: {
        get: function() {
            処理
            return 値
        },
        set: function(newValue){
            処理
```

```
            }
        }
    }
```

こうすると、「プロパティ名 = 値」の形式でプロパティに値を代入すると、それがsetで定義した関数の引数として渡されます。

setの関数の内部では、次のような形式で内部のプロパティに値を代入します。

> `this.プロパティ名 = 式や値`

西暦の年と平成年を変換する

例えば、Vueインスタンスには西暦の年を格納する**sYear**プロパティがあるとして、**hYear**算出プロパティで平成年を取得／設定できるようにするには次のようにします（説明をシンプルにするため、平成の範囲のチェックは行っていません）。

●setter1.js

```
var app = new Vue({
    el: '#app',
    data: {
        sYear: 2000  ❶
    },
    computed: {
        hYear: {
            get: function() {
                return this.sYear - 1988;  ❸
            },
            set: function(newValue) {
                this.sYear = newValue + 1988;  ❹
            }
        }                                       ❷
    }
});
```

❶でsYearプロパティを定義し2000に初期化しています。

❷がhYear算出プロパティの定義です。❸でgetの関数を定義しています。内部ではsYearプロパティから1988を引いて平成年を戻しています。

❹がsetの関数定義です。引数に1988を足すことで西暦年を求めsYearプロパティに代入しています。

HTMLテンプレート側ではマスタッシュ構文でsYearプロパティおよびhYear算出プロパティの値を表示しています。

●setter1.html

```
<div id="app">
    <p>西暦 {{ sYear }} 年は平成 {{ hYear }} 年 </p>
</div>
```

初期状態では西暦2000年の平成の年が表示されます。

図2-4-4　初期状態の表示

JavaScriptコンソールを開き、「app.hYear = 30」のように入力してhYear算出プロパティの値を変更してみましょう。表示が更新され西暦の年が正しく計算されることを確認してください。

図2-4-5　西暦の年が再計算される

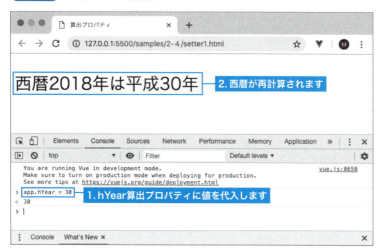

値を取得する関数をゲッター(getter)、設定する関数をセッター(setter)などと呼ぶんだ。

ゲッターは「get」、セッターは「set」で定義するのね！

Chapter 3

条件分岐と繰り返し

JavaScriptのプログラムの場合、if文による条件分岐、for文による繰り返しといった制御構造が利用できます。同じようにVue.jsのHTMLテンプレートでも制御構造が用意されています。v-if、v-showディレクティブで条件判断による要素の表示／非表示、v-forディレクティブで要素の繰り返しが行えます。

Lesson 3-1　HTML要素を表示したり非表示にしたり
v-if、v-showディレクティブで要素をオン／オフする

Vue.jsに用意された制御構造として、まずは条件分岐について説明しましょう。v-ifディレクティブおよびv-showディレクティブを使用すると、条件式の結果に応じてHTML要素の表示／非表示を切り替えることができます。

プロパティの値などに応じて要素の表示／非表示が行えるわけですね。

そう、v-ifディレクティブとv-showディレクティブを使うんだ。

2つのディレクティブにどんな違いがあるのかを理解しなきゃね。

3-1-1　v-ifディレクティブを使用して要素をオン/オフする

v-ifディレクティブを使用すると、右辺の値に応じて要素の表示/非表示を切り替えられます。

```
v-if="値"
```

値が**true**など真の場合に要素が表示され、それ以外の場合には非表示になります。
次のようにボタンのクリックでイメージの表示／非表示を切り替える例を示しましょう。

図3-1-1　v-ifディレクティブで表示/非表示

イメージ要素の表示/非表示が切り替わります

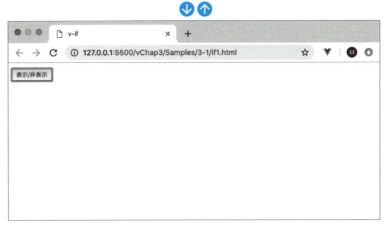

●リスト:if1.js

```
var app = new Vue({
    el: '#app',
    data: {
        show: true
    },
});
```

❶ showプロパティにtrueを代入

　Vueインスタンス側では、❶で show プロパティを用意し初期値を **true** に設定しています。

●リスト:if1.html(一部)

```
<div id="app">
    <button @click="show = !show">表示 / 非表示</button> ❶
    <div>
        <img
            src="figs/photo1.png"
            width="300"
            height="225"
            v-if="show" ❷
        />
    </div>
</div>
```

　HTMLテンプレート側では、❶の「@click="show = !show"」でボタンのクリックにより show プロパティの値を反転させています。img要素では❷で「v-if="show"」を指定することにより、show プロパティの値に応じて表示を切り替えています。

v-ifの値には式も指定できるのですか？

もちろん、式やメソッドを指定しても構わないよ。次の例はv-ifに「(new Date).getHours() < 12」を指定して、その時点での時刻が12時前であればイメージを表示するようにしている。

```
<img
  src="figs/photo1.png"
  width="300"
  height="225"
  v-if="(new Date).getHours() < 12"
/>
```

ただし、テンプレートの見通しをよくするためには、複雑な処理はメソッドや算出プロパティにした方がいいよね。

3-1-2 v-showディレクティブを使用して要素をオン／オフする

v-ifに似たディレクティブに **v-show** があります。

> `v-show="値"`

v-if と同じく、v-showは値が真かどうかに応じて要素の表示／非表示を切り替えるディレクティブです。次に、前述のif1.htmlをv-showディレクティブで書き直した例を示します。

● リスト:v-show1.js（一部）

```
<div id="app">
    <button v-on:click="show = !show"> 表示 / 非表示 </button>
    <div>
        <img
            src="figs/photo1.png"
            width="300"
            height="225"
            v-show="show"  ❶
        />
    </div>
</div>
```

変更点は、単に❶を「**v-if**」から「**v-show**」に変更しただけです。結果は見た目的には同じです。

3-1-3 v-ifとv-showの相違について

要素の表示／非表示を切り替えるのに使用する **v-if** ディレクティブと **v-show** ディレクティブですが、内部的には次のような相違があります。

▪ v-ifディレクティブ

v-ifディレクティブは要素を非表示にするのにDOMから要素を削除します。したがって表示/非表示を行うたびに要素の生成と削除が繰り返されることになります。

▪ v-showディレクティブ

v-showディレクティブはDOM内の要素はそのままで、スタイルシートの**display**プロパティを「none」設定して要素を非表示にします。

show1.htmlをGoogle Chromeで読み込み、デベロッパーツールで確認してみましょう。v-showディレクティブで要素を非表示にした状態では、スタイルシートの**display**プロパティが「**none**」になっていることがわかります。

図3-1-2 show1.htmlの表示

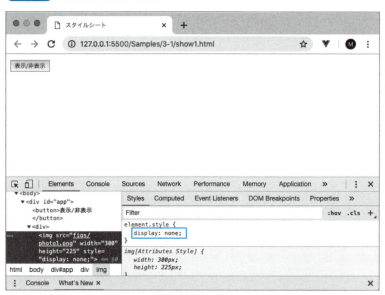

v-ifとv-showは
どんな風に使い分けたらいいのかな？

基本的に、要素の表示/非表示を頻繁に行う場合にはv-showを、そうでない場合にはv-ifを使用するといいね。

DOMへの要素の追加/削除は負荷が大きいからですね！

それと、条件を細かく切り分けたい場合には、次に説明するv-if〜v-else-if〜v-elseを使う必要があるね。

3-1-4 v-if〜v-else-if〜v-elseで条件を細かく設定する

JavaScriptの「if 〜 else if 〜 else文」と同じように、v-ifディレクティブに、**v-else-if**ディレクティブ、**v-else**ディレクティブを組み合わせると条件を細かく設定できます。

次の例は、時刻に応じて表示するメッセージを変更します。

表3-1-1 時刻と表示するメッセージ対応例

時間	メッセージ
時刻が0~12	おはようございます
時刻が12~18	こんにちは
時刻が18~21	こんばんは
21以上	夜もふけてまいりました

図3-1-3 時刻が22時の時

図3-1-4 時刻が8時の時

● リスト:v-if-else1.html (一部)

```
<div id="app">
    <h1 v-if="getTime() == 'morning'">おはようございます</h1> ❶
    <h1 v-else-if="getTime() == 'afternoon'">こんにちは</h1> ❷
    <h1 v-else-if="getTime() == 'evening'">こんばんは</h1> ❸
    <h1 v-else>夜もふけてまいりました</h1> ❹
</div>
```

HTMLテンプレートでは、❶で**v-if**ディレクティブを使用して、次に説明する**getTime()**メソッドの戻り値を調べ**'morning'**であれば「**おはようございます**」と表示しています。

そうでない場合、❷❸で**v-else-if**ディレクティブを使用して、**getTime()**メソッドの値に応じて「**こんにちは**」あるいは「**こんばんは**」を表示しています。

いずれの条件にも一致しない場合、❹の**v-else**ディレクティブが有効となり「**夜もふけてまいりました**」と表示されます。

● リスト:v-if-else1.js

```
var app = new Vue({
    el: '#app',
    data: {
        time: (new Date()).getHours() ❶
    },
    methods: {
        getTime: function() {                              ❷
            if (0 <= this.time & this.time < 12) {
                return 'morning';
            } else if (12 <= this.time & this.time < 18) {
```

次ページへ

```
                return 'afternoon';
            } else if (18 <=this.ime & this.time <21) {
                return 'evening';
            } else {
                return 'night'
            }
        }
    }
});
```

Vueインスタンスのコンストラクタでは、❶で**time**プロパティを用意し「**(new Date()).getHours()**」により現在の時刻を代入しています。
❷で**getTime()**メソッドを定義しています。if文により**time**プロパティの値に応じて'morning'、'afternoon'、'evening'、'night'のいずれかの文字列を戻しています。

3-1-5 v-ifディレクティブが　　　　リアクティブであることを確認する

v-ifなど条件分岐のディレクティブは、もちろん**リアクティブ**です。試しに、v-if-else1.htmlをGoogle Chromeに読み込んだ状態で、JavaScriptコンソールを表示して「**time = 4**」などと入力して、時刻を変更してみましょう。すぐに、表示が更新されるはずです。

図3-1-5　プロパティを変更すると表示がすぐに更新される

v-ifディレクティブなどで切り替えられるのは
1つの要素だけど、例えば次のように2つの
要素をまとめて表示/非表示を設定するには
どうしたらいいかな？

```
<h1>Vue.jsの世界</h1>
<p>Vue.jsはモダンなJavaScript</p>
```

全体を<div></div>で囲めばいいのでは？

```
<div v-if="show">
    <h1>Vue.jsの世界</h1>
    <p>Vue.jsはモダンなJavaScript</p>
</div>
```

それだと、無駄なdiv要素が必要になる
よね。その代わりにHTML5で用意された
template要素を使うといいよ。

```
<template v-if="show">
    <h1>Vue.jsの世界</h1>
    <p>Vue.jsはモダンなJavaScript</p>
</template>
```

template要素は、JavaScriptからテンプレ
ートとして使用するコンテンツをコントロールす
るために用意された要素なんだ。このように
v-ifディレクティブと組み合わせると、それ自
体はレンダリングされずに内部のコンテンツ
のみ表示/非表示が切り替えられるんだ。

Lesson 3-2 配列やオブジェクトの要素を表示しよう
v-forで繰り返し

ここでは、Vue.jsのHTMLテンプレートに用意された繰り返しの制御構造であるv-forディレクティブについて説明しましょう。v-forディレクティブを使用すると、配列やオブジェクトなどから要素を順に取り出して表示することができます。

制御構造といえば、条件分岐と並んで繰り返しですね。

繰り返しの制御構造はv-forディレクティブだけなのでしっかり覚えよう！

v-forを使うと配列やオブジェクトの中身を表示できるのね！

3-2-1 配列から要素を順に取り出す

Vueインスタンスのプロパティとして設定した配列から要素を順に取り出すには、**v-for**ディレクティブを次の書式で使用します。

```
v-for="変数 in 配列"
```

上記のように記述すると、配列から要素が順に取り出され変数に代入されます。変数をマスタッシュ構文に記述することでその値を表示できます。

これを**リストレンダリング**と呼びます。

曜日名を表示する

v-forディレクティブの簡単な使用例を示しましょう。'月'、'火'、....、'日' といった曜日が格納された配列**weedkdays**が、Vueインスタンスのプロパティとして用意されているとします。

● リスト: v-for1.js

```
1  var app = new Vue({
2      el: '#app',
3      data: {
4          weekdays: ['月', '火', '水', '木', '金', '土', '日']  ❶
5      }
6  });
```

❶の配列**weekdays**から、要素を順に取り出して曜日を'月曜日'、'火曜日'、...、'日曜日' といった**li**エレメントとして表示する例を示します。

● リスト: v-for1.html（一部）

```
<div id="app">
    <ul>
        <li v-for="wday in weekdays">{{ wday }} 曜日 </li>  ❶
    </ul>
</div>
```

❶で**v-for**ディレクティブを使って配列**weekdays**から要素の取り出して、変数**wday**に代入し、マスタッシュ構文で表示しています。

図3-2-1 v-forディレクティブで曜日を順に表示

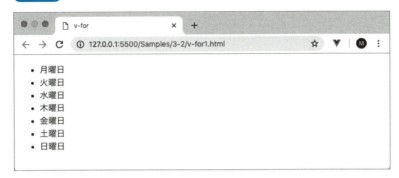

ここでは「{{ wday }}曜日」としているけど、これを「{{ wday + '曜日' }}」としてもOKね。

そうだね。
マスタッシュ構文では式も使用できるからね。

v-forディレクティブを使えるのは
li要素だけなのですか？

そんなことないよ。任意の要素が使用可能。
例えばspan要素として曜日を表示するには
次のようすればいいんだ。

```
<span v-for="wday in weekdays">{{ wday ↵
}} 曜日 </span>
```

v-forで配列のインデックスも同時に取り出す

v-forディレクティブでは、次のように変数を2つ用意してカンマ「,」で区切ることにより、要素と同時に配列の**インデックス**（添字）を取り出すことができます。

> v-for="(要素用の変数, インデックス用の変数) in 配列"

例えば、前述の配列 **weekdays** を次の形式で表示したいとしましょう。

図3-2-2 v-forディレクティブでインデックスと要素を取り出す

それには、v-forディレクティブを次のように変更します。

●リスト:v-for2.html（一部）

```
1  <div id="app">
2      <ul>
3          <li v-for="(wday, i) in weekdays">{{ i + 1 }} - {{ wday }}曜日</li>  ❶
4      </ul>
5  </div>
```

❶でv-forディレクティブに「**(wday, i) in weekdays**」を指定して、要素とインデックスの両方を順に取り出しています。

ここでは配列weekdaysをVueインスタンスのプロパティとして用意していますが配列を直接指定することもできるのですか？

できるよ。こんな風に
`<span v-for="c in ['赤', '青', '白']">{{ c }}色 </span>` ─ 赤色 青色 白色

それと、配列の代わりに単に整数値を指定すると、1から順に数値が取り出されるんだ。

`<span v-for="m in 3">{{ m }}月 <span>` ─ 1月 2月 3月

0からではないのね！

3-2-2 オブジェクトの要素を順に取り出す

v-forディレクティブで取り出せるのは配列の要素だけではありません。次の書式で使用することにより、キーと値のペアの**オブジェクト**から要素を取り出すこともできます。

> `v-for="値用の変数, キー用の変数 in オブジェクト"`

次のような、**name**（名前）、**age**（年齢）、**sex**（性別）、**pref**（居住地）をキーとする顧客情報を管理する**customer**オブジェクトが、Vueインスタンスのプロパティにあるとします。

● リスト:v-for3.js

```
1  var app = new Vue({
2      el: '#app',
3      data: {
```

次ページへ

```
4          customer: { name: '大津真', age: 35, sex: '男',
   pref: '東京都' }
5      }
6  });
```

これをli要素として表示するには次のようにします。

● リスト:v-for3.html（一部）

```
<div id="app">
    <ul>
        <li v-for="v, k in customer">{{ k }}: {{ v }}</li> ❶
    </ul>
</div>
```

❶でv-forディレクティブに「v, k in customer」を指定して、customerオブジェクトのキーと値のペアを順に変数vとkに代入しています。

図3-2-3　オブジェクトの要素を表示する

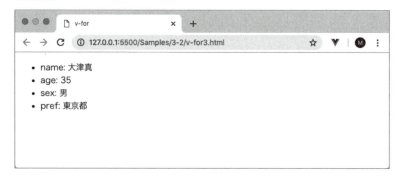

3-2-3　オブジェクトを要素とする配列から取り出す

さらに、オブジェクトを要素とする配列から要素を順に取り出すこともできます。

●リスト:v-for4.html (一部)

```
1   var customers = [ ❶
2       { id: 1, name: '大竹真', age: 35, sex: '男', pref: '東京都' },
3       { id: 2, name: '山田太郎', age: 25, sex: '男', pref: '千葉県' },
4       { id: 3, name: '井上五郎', age: 36, sex: '男', pref: '長野県' },
5       〜略〜
6
7       { id: 23, name: '井上五郎', age: 42, sex: '男', pref: '長野県' }
8   ];
9   var app = new Vue({
10      el: '#app',
11      data: {
12          customers: customers ❷
13      }
14  });
```

❶で一人の顧客情報を管理するオブジェクトを要素とする配列**customers**を定義して、❷でVueインスタンスのプロパティとして登録しています。各顧客のキーは、**id**（ID番号）、**name**（名前）、**age**（年齢）、**sex**（性別）、**pref**（居住地）の5つです。

これをHTMLのテーブル（table要素）に表示するには次のようにします。

●リスト:v-for4.js

```
<div id="app">
    <table class="table">
        <th>ID</th>
        <th>名前</th>
        <th>年齢</th>
        <th>性別</th>
```

```
        <th> 都道府県 </th>
        <tr v-for="customer in customers">
            <td>{{ customer.id }}</td>
            <td>{{ customer.name }}</td>
            <td>{{ customer.age }}</td>
            <td>{{ customer.sex }}</td>
            <td>{{ customer.pref }}</td>
        </tr>
    </table>
</div>
```

❶で配列 **customers** から顧客情報を1つずつ取り出して、変数 **customer** に代入しています。❷で「**customer.id**」(id番号)「**customer.name**」(名前)のように顧客情報を取り出してマスタッシュ構文で表示しています。

図3-2-4 v-for4.htmlの表示例

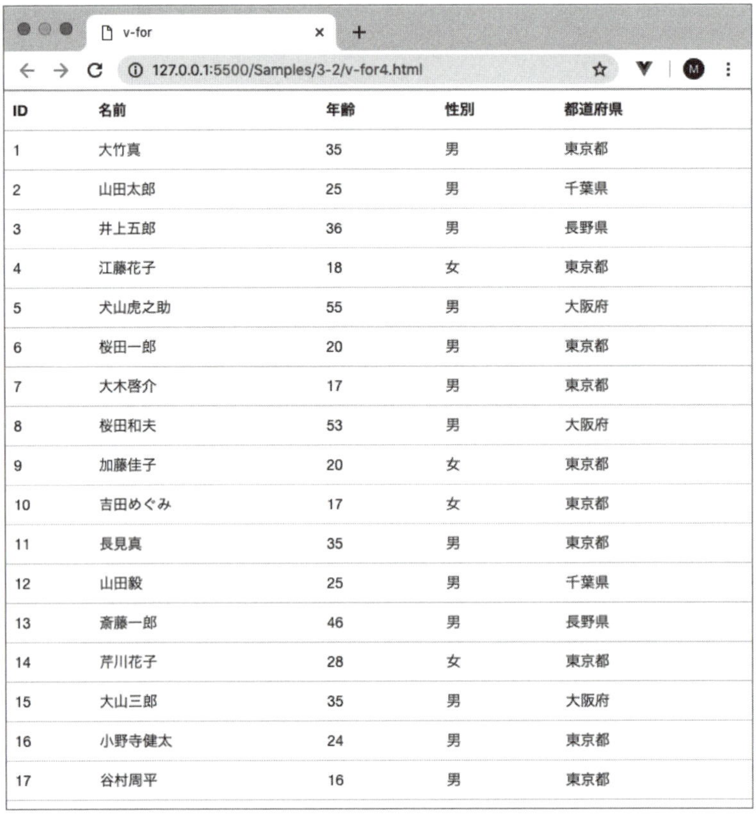

ID	名前	年齢	性別	都道府県
1	大竹真	35	男	東京都
2	山田太郎	25	男	千葉県
3	井上五郎	36	男	長野県
4	江藤花子	18	女	東京都
5	犬山虎之助	55	男	大阪府
6	桜田一郎	20	男	東京都
7	大木啓介	17	男	東京都
8	桜田和夫	53	男	大阪府
9	加藤佳子	20	女	東京都
10	吉田めぐみ	17	女	東京都
11	長見真	35	男	東京都
12	山田毅	25	男	千葉県
13	斎藤一郎	46	男	長野県
14	芹川花子	28	女	東京都
15	大山三郎	35	男	大阪府
16	小野寺健太	24	男	東京都
17	谷村周平	16	男	東京都

随分綺麗なテーブルですね。

これは、私も愛用するBootstrapというレスポンシブデザインに対応したCSSフレームワークを使っているのね。

そうだね、Bootstrapは人気のCSSフレームワークだね。単にリンクして表のクラスをtableにするだけでも綺麗な表が作れるよ。

```
<link rel="stylesheet" href="https://
maxcdn.bootstrapcdn.com/bootstrap/
3.3.7/css/bootstrap.min.css" ～略～>
```

詳しくはオフィシャルサイトを参照してほしい。
URL https://getbootstrap.com

データを識別するkeyを設定する

v-forで表示したデータをリアクティブに追加、変更する場合には、各データを一意に識別する**キー**を設定することが推奨されています。それには**v-bind**ディレクティブで**key**を設定します。

```
<div v-for="～" v-bind:key="キー">
```

キーとして使用する値には、重複があってはいけません。
前述のv-for4.htmlを変更して、キーにそれぞれの顧客のid番号を設定するには次のようにします。

● リスト：v-for4.html（一部）

```
<tr v-for="customer in customers">
```

↓

● リスト：v-for5.html（一部）

```
<tr v-for="customer in customers" key="customer.id">
```

3-2-4 配列の要素の変化を検出するには

v-forディレクティブで配列の要素をレンダリングする場合に、注意すべき点があります。描画後にデータを変更する場合に、通常のプログラミングで行うように次のように要素の値を変更すると、Vue.jsリアクティブシステムが反応しないのです。

> 配列名[インデックス] = 値 ――――― 描画に反映されない

実際の例を見てみましょう。

● リスト:v-for-array1.js

```
var app = new Vue({
    el: '#app',
    data: {
        colors: ["blue", "green", "red"] ❶
    }
});
```

❶で色名を要素とする配列 **colors** を用意しています。

● リスト:v-for-array1.html

```
<div id="app">
    <ul>
        <li v-for="c in colors">{{ c }}</li> ❶
    </ul>
</div>
```

HTMLテンプレート側では❶で **v-for** を用意して、配列colorsの要素を順に表示しています。
Google ChromeのJavaScriptコンソールを開き、次のように入力してみましょう。画面は更新されないはずです。

```
app.colors[1] = "white"
```

図3-2-5　要素の値を変更しても画面に反映されない

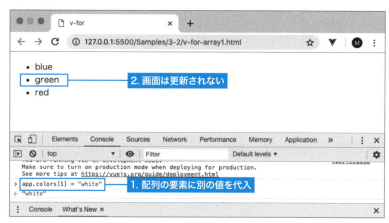

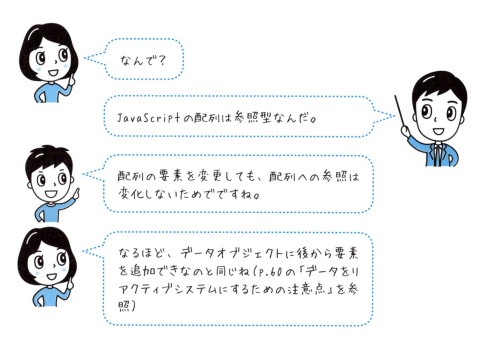

要素の変更はset()メソッドで

配列の要素の値を変更するには、Vueオブジェクトに用意されている**set()メソッド**を使用する必要があります。

```
Vue.set(配列, インデックス, 値)
```

JavaScriptコンソールで次を実行してみましょう。

```
Vue.set(app.colors, 1, "white")
```

変更が反映させることを確認してください。

図3-2-6 set()メソッドを利用して画面を更新

3-2-5 拡張された配列の要素変更メソッド

それでは、**push()メソッド**や**pop()メソッド**などの配列の要素を変更するメソッドはどうでしょう。実は次のようなメソッドは、Vue.jsフレームワーク内で拡張され要素の変更をリアクティブに検出できます。

表3-2-1 要素の変更に応答する配列のメソッド

メソッド	説明
push()	配列の末尾に1つ以上の要素を追加して、配列の長さを返す
pop()	配列の最後の要素を削除して、その要素を返す
shift()	配列の最初の要素を削除して、その要素を返す
unshift()	配列の最初に1つ以上の要素を追加して、配列の長さを返す
splice()	配列か指定した範囲の要素を取り除いて、新たな要素を追加する
sort()	配列の要素をソートする
reverse()	配列の要素の順番を反転させる

set()メソッドの場合と同様に、JavaScriptコンソールで確認してみましょう。

図3-2-7　push()メソッドを利用して画面を更新

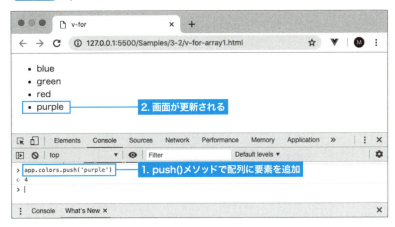

3-2-6　v-forとv-ifを組み合わせる

　v-forディレクティブと**v-if**ディレクティブを組み合わせることで、条件に一致した要素のみを表示することができます。

　次の例は、「**v-if="customer.age >= 30"**」を指定して、年齢（age）が30以上の顧客に絞り込んでいます。

●リスト:v-for-if1.html（一部）:

```
1  <tr v-for="customer in customers" v-if="customer.age
   >= 30"> ❶
2      <td>{{ customer.id }}</td>
3      <td>{{ customer.name }}</td>
4      <td>{{ customer.age }}</td>
5      <td>{{ customer.sex }}</td>
6      <td>{{ customer.pref }}</td>
7  </tr>
```

❶でv-forディレクティブとv-ifディレクティブを組み合わせています。

図3-2-8　条件に一致した要素のみ表示

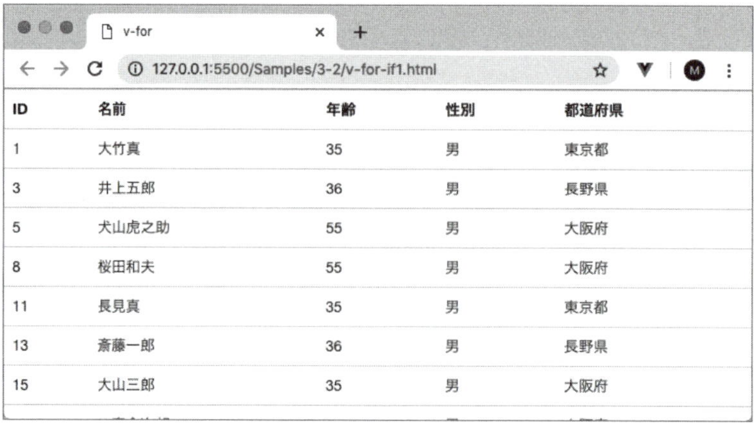

v-forとv-ifを組み合わせた場合には、ループのたびにv-ifで条件判断が行われるわけですね。

なるほど！

この場合、個々の顧客データの変更にリアクティブに反応します。

図3-2-9 顧客データの変更にリアクティブに反応

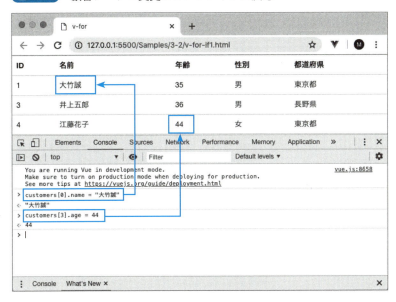

ただし配列の要素の値（この例では一人分の顧客データ）を変更する場合には、**set()** メソッドを使用する必要があります。

● 間違った例

```
1  customers[0] = {id:1, name:' 大上真 ', age:88, sex:' 男 ', pref:' 千葉県 '}
```

● 正しい例

```
1  Vue.set(customers, 0, {id:1, name:' 大上真 ', age:88, sex:' 男 ', pref:' 千葉県 '})
```

3-2-7 算出プロパティとfilter()メソッドによるデータの絞り込み

前述のように**v-for**と**v-if**の２つのディレクティブを組み合わせてデータを絞り込む方法では、条件が複雑になるとテンプレートの見通しが悪くなります。また、すべての要素に対してその都度条件判断が行われるため、データ数が多いとパフォーマンスが気になる（悪化する）ケースもあるでしょう。

データを絞り込むための別の方法として、算出プロパティ内で、配列に用意されている**filter()メソッド**を使用する方法がしばしば使用されます。

filter()は、配列から引数で指定した関数の戻り値が**true**となる要素だけを簡単に抽出できるメソッドです。

図3-2-10 filter()メソッドを利用した絞り込み

次にfilter()メソッドを使用して、**customers**配列から40才以上の男性を抽出する**over40men**算出プロパティを定義する例を示します。

● リスト：v-for-prop1.js（一部）

```
var app = new Vue({
    el: '#app',
    data: {
        customers: customers
    },
    computed: {
        over40men: function() {          ①
            return this.customers.filter(function(e) {   ②
                return e.age >= 40 && e.sex == '男';
            });
        }
    }
});
```

❶がover40men算出プロパティの定義です。❷のreturn文で、filter()メソッドを実行しています。filter()メソッドの関数では次のような条件を設定しています。

```
e.age >= 40 && e.sex == '男'
```

これで「e.age」（年齢）が40以上、「e.sex」（性別）が'男'のデータに絞り込まれます。

●リスト：v-for-poro1.html（一部）

```
<tr v-for="customer in over40men"> ❶
    <td>{{ customer.id }}</td>
    <td>{{ customer.name }}</td>
    <td>{{ customer.age }}</td>
    <td>{{ customer.sex }}</td>
    <td>{{ customer.pref }}</td>
</tr>
```

HTMLテンプレートでは、❶でover40men算出プロパティで絞り込んだ顧客をv-forディレクティブを使用して順に表示しています。

図3-2-11　顧客を40歳以上の男性で絞り込んだ

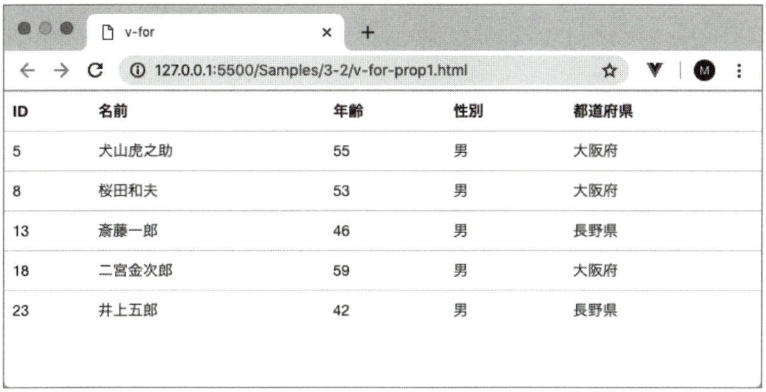

ID	名前	年齢	性別	都道府県
5	犬山虎之助	55	男	大阪府
8	桜田和夫	53	男	大阪府
13	斎藤一郎	46	男	長野県
18	二宮金次郎	59	男	大阪府
23	井上五郎	42	男	長野県

要素をソートするに

同様に、算出プロパティで**sort()メソッド**を使用することで、配列の要素をソートすることができます。sort()メソッドの引数には比較関数を渡します。比較関数とは、2つの要素

の大小を判定するために使用する関数です。

・最初の引数の値が2番目の引数の値よりインデックスが小さい場合には負の値を返す
・最初の引数の値が2番目の引数の値と同じであれば0を返す
・最初の引数の値が2番目の引数の値よりインデックスが大きければ正の値を返す

次に、年齢で昇順（年齢の若い順）にソートする**sortedByAgeCustomers**算出プロパティを定義した例を示します。

●リスト:v-for-prop2.js（一部）

```js
var app = new Vue({
    el: '#app',
    data: {
        customers: customers
    },
    computed: {
        sortedByAgeCustomers: function() {         ❶
            return this.customers.sort(function(a, b) {
                return a.age - b.age;    ❷
            });
        }
    }
});
```

❶が**sortedByAgeCustomers**算出プロパティの定義です。sort()メソッドの比較関数では、❷で二人の年齢（age）の差を戻してます。これで年齢の若い順にソートされます。

●リスト:v-for-prop2:html（一部）

```
<tr v-for="customer in sortedByAgeCustomers">   ❶
    <td>{{ customer.id }}</td>
    <td>{{ customer.name }}</td>
    <td>{{ customer.age }}</td>
    <td>{{ customer.sex }}</td>
    <td>{{ customer.pref }}</td>
</tr>
```

　HTMLテンプレート側では、❶で**sortedByAgeCustomers**算出プロパティから顧客情報を取り出して表示しています。

図3-2-12　年齢順にソート

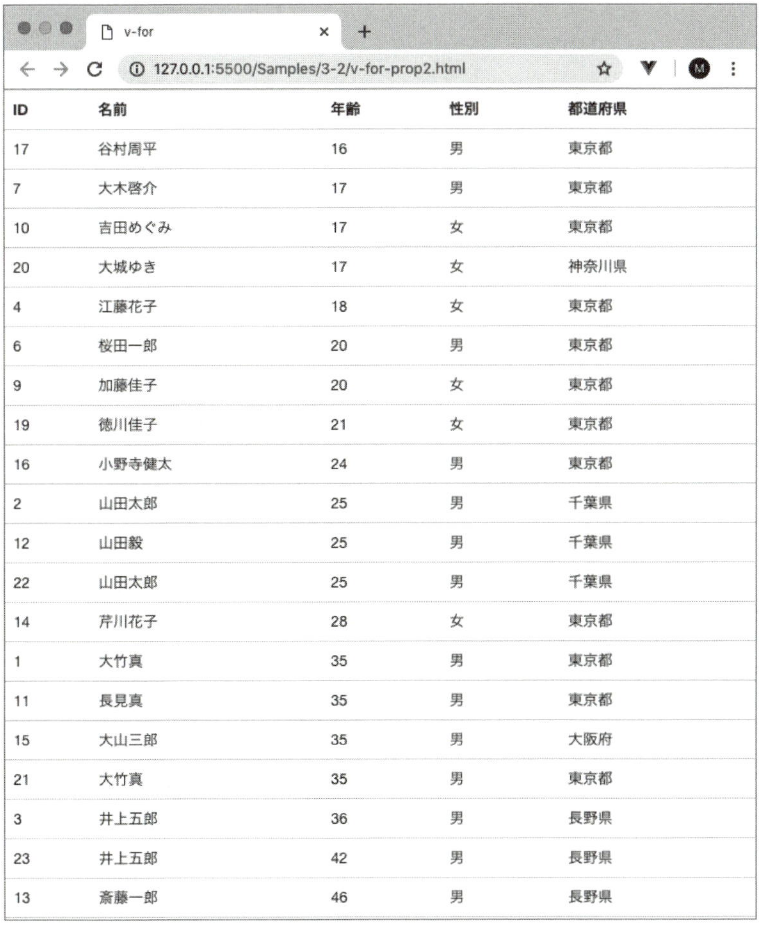

ID	名前	年齢	性別	都道府県
17	谷村周平	16	男	東京都
7	大木啓介	17	男	東京都
10	吉田めぐみ	17	女	東京都
20	大城ゆき	17	女	神奈川県
4	江藤花子	18	女	東京都
6	桜田一郎	20	男	東京都
9	加藤佳子	20	女	東京都
19	徳川佳子	21	女	東京都
16	小野寺健太	24	男	東京都
2	山田太郎	25	男	千葉県
12	山田毅	25	男	千葉県
22	山田太郎	25	男	千葉県
14	芹川花子	28	女	東京都
1	大竹真	35	男	東京都
11	長見真	35	男	東京都
15	大山三郎	35	男	大阪府
21	大竹真	35	男	東京都
3	井上五郎	36	男	長野県
23	井上五郎	42	男	長野県
13	斎藤一郎	46	男	長野県

年齢を降順にソートするには
どうすればいいかな？

簡単、sort()メソッドの比較関数を次のようにすればいいのですね。

return a.age - b.age;
↓
return b.age - a.age;

なるほど！

それと、filter()メソッドと異なりsort()メソッドは元の配列の中身もソートされてしまうので注意してほしい。元の配列を書き換えたくない場合には、例えばslice()メソッドを引数なしで実行して配列のコピーを作成してからソートするばいいんだ。

```
return this.customers.sort(function(a,
b) {
    return a.age - b.age;
});
```

↓ **slice()** でコピーを作成してから **sort()** を実行

```
return this.customers.slice().
sort(function(a, b) {
    return a.age - b.age;
});
```

Chapter 4

フォームの
いろいろな要素の取り扱い

Chapter 4ではv-onディレクティブによるイベント処理と、v-modelディレクティブによるフォーム要素の双方向データバインディングの活用について説明します。その後で、todoリストと、お絵かきアプリという多少実践的なVueアプリケーションを作成してみましょう。

Lesson 4-1 v-onディレクティブでイベントを処理する

いろいろなイベントを捕まえよう

GUIアプリでは、ユーザのマウスクリックやテキスト入力といったアクションなどで発生するイベントの処理が重要です。ここでは、v-onディレクティブを使用してさまざまなイベントを捕まえる方法ついて説明します。

GUIアプリといえばやはり
イベント処理ですね！

単にイベントが発生した場合の処理を記述
できるだけでなく、イベントの位置など情報
を取得することもできるんだ

いろいろと面白いことができそうね！

4-1-1 イベントの基本的な取り扱い

イベントを処理するには**v-on**ディレクティブを使用することは、これまで何度も説明しました。

```
v-on:click="メソッド"
```

メソッドは、「**メソッド名**」もしくは「**メソッド名()**」の形式で指定できます。
例えばユーザがボタンをクリックした時に発生する**click**イベントを捕まえて**changeMsg1()**メソッドを呼び出すには、次のようにします。

❶「メソッド名」で呼び出す

```
<button name="myBtn" v-on:click="changeMsg1">
クリックして</button>
```

↓

❷「メソッド名()」で呼び出す

```
<button name="myBtn" v-on:click="changeMsg1()">
クリックして</button>
```

> **MEMO**
> ❶の形式を「メソッドイベントハンドラ」、❷の形式を「インラインメソッドハンドラ」と呼びます。

メソッドに引数を渡す

❷番目の書式を使用した場合には、メソッドに引数を渡すことができます。次の例は、ボタンをクリックすると、年齢を引数にして料金を計算する **showFare()** メソッドを呼び出します。

図4-1-1 大人料金 子供料金

●event-arg1.html（一部）

```html
<div id="app">
    <button v-on:click="calcFare(19)">大人料金は？</button> ❶
    <button v-on:click="calcFare(9)">子供料金は？</button> ❷
    <h1 v-show="fare">料金：{{ fare }}円</h1> ❸
</div>
```

❶で「19」を引数に、❷で「9」を引数に shareFare() メソッドを呼び出しています。❸で v-show ディレクティブで fare プロパティが設定されていればマスタッシュ構文で表示しています。

●event-arg1.js

```js
var app = new Vue({
    el: '#app',
    data: {
        fare: null
    },
    methods: {
        showFare: function(age) {
            if (age < 10) {
                // 子供料金
                this.fare = 1000;
            } else {
                // 大人料金
                this.fare = 2000;
            }
        }                                    ❶
    }
});
```

❶が showFare() メソッドの定義です。年齢に応じて大人料金と子供料金を切り分けています。if～else文を使用して、引数 age が10未満の場合、fare プロパティの値を1000に、そうでなければ2000に設定しています。

v-on:click="メソッド()"の形式は、実は右辺にJavaScriptの文も記述できるんだ。

それじゃあ、例えば次のようにすると、クリックするごとにfareプロパティに100を足して行けるわけね。

`<button v-on:click="fare += 100">押して⏎</button>`

セミコロン「;」で区切れば複文もOKだね。

`<button v-on:click="fare += 100; now = ⏎ new Date()">押して</button>`

そうだね。だけどテンプレートがわかりにくくならないように、複雑な処理はメソッドや算出プロパティにまとめた方がいいね。

4-1-2 いろいろなイベント

v-onディレクティブで捕まえられるのは、マウスのクリックイベントだけではありません。DOMの仕様として規定されている任意のイベントを利用可能です。

表4-1-1　DOMイベントの例

イベント	説明
change	フォームの要素のコンテンツが変更された
click	マウスボタンがクリックされた
dblclick	マウスボタンがダブルクリックされた
input	フォームの要素のコンテンツの変更がコミットされた
keypress	キーボードのキーが押された
keyup	キーボードのキーが離された

次ページへ

mousedown	マウスボタンが押された
mouseup	マウスボタンが離された
mousemove	マウスカーソルが動いた
mouseover	マウスカーソルが要素の中に入った（親要素に伝播する）
mouseout	マウスカーソルが要素の外に出た（親要素に伝播する）
mouseenter	マウスカーソルが要素の中に入った（親要素に伝播しない）
mouseleave	マウスカーソルが要素の外に出た（親要素に伝播しない）

4-1-3 同じ要素に複数のv-onディレクティブを指定する

1つの要素に対して、複数の異なる**v-on**ディレクティブを指定することも可能です。h1要素に**v-on**ディレクティブで**mouseenter**イベントと**mouseleave**イベントを設定して、マウスカーソルが要素内に入った時にだけ現在時刻を表示する例を次に示します。

図4-1-2 マウスカーソルが要素内に入ると時刻が表示される

図4-1-3 マウスカーソルが要素から出ると時刻が消える

●showtime1.html（一部）

```
<div id="app">
    <h1
        v-on:mouseenter="showTime()"  ❶
        v-on:mouseleave="now = ''"  ❷
    >
        現在時刻
    </h1>
    <p>{{ now }}</p>
</div>
```

　h1要素に2つの**v-on**ディレクティブを設定しています。❶の「**v-on:mouseenter**」でマウスカーソルが要素内に入った時に**showTime()**メソッドを呼び出して、❷の「**v-on:mouseleave**」でマウスカーソルが要素から出た時に**now**プロパティを空文字列""（シングルクォーテーション2つ）にするように設定しています。

●showtime1.js

```
1  var app = new Vue({
2      el: '#app',
3      data: {
4          now: ""
5      },
6      methods: {
7          showTime: function(){
8              now = new Date();
9              this.now = now.getHours() + "時" + now.getMinutes() + "分"  ❶
10         }
11     }
12 });
```

　Vueインスタンス側では、❶で**showtime()**メソッドを定義して、現在時刻を「～時～分」の形式で**now**プロパティに代入しています。

v-on:click の省略形は覚えているかな？

v-on:click は @click でもいいのね！

v-on:click=" ～ "
↓
@click=" ～ "

この省略形は他のイベントでも使えるんだ。

```
<h1 name="myBtn"
v-on:mouseenter="showTime()"
v-on:mouseleave="now = ''"> 現在時刻 </h1>
    ↓
<h1 name="myBtn" @mouseenter="showTime()"
@mouseleave="now= ''"> 現在時刻 </h1>
```

4-1-4 イベントに関する情報を取得するには

v-on ディレクティブから呼び出されるメソッドの内部では、マウスをクリックした座標やイベントが発生した要素など、イベントに関する情報を**イベントオブジェクト**として取得することが可能です。

メソッドに引数がない場合

メソッドの呼び出し方に応じてイベントオブジェクトの取り出し方が異なります。まず、メソッドに引数がなく、次のような形式で呼び出す場合から説明しましょう。

```
v-on:click="メソッド名"
```

この場合、メソッドの第一引数にイベントオブジェクトが渡されます。クリックイベントからメソッドを呼び出してイベントオブジェクトをコンソールに表示してみましょう。

●event-info1.html（一部）

```html
<div id="app">
    <button @click="einfo">イベント情報</button>   ❶
</div>
```

❶でボタンがクリックされると einfo() メソッドを引数なしで呼び出しています。

●event-info1.js

```js
var app = new Vue({
    el: '#app',
    methods: {
        einfo: function(e) {   ❶
            console.log(e);    ❷
        }
    }
});
```

メソッドの定義では、❶でイベントオブジェクトを引数として受け取り、❷のconsole.log()メソッドで表示しています。

実行結果

図4-1-4　イベント情報を表示

```
          currentTarget: null
          defaultPrevented: false
          detail: 1
          eventPhase: 0
          fromElement: null
          isTrusted: true
          layerX: 56
          layerY: 16
          metaKey: false
          movementX: 0
          movementY: 0
          offsetX: 48
          offsetY: 5
          pageX: 56
          pageY: 16
        ▶ path: (6) [button, div#app, body, html, document, Window]
          relatedTarget: null
          returnValue: true
          screenX: 2616
          screenY: 825
          shiftKey: false
        ▶ sourceCapabilities: InputDeviceCapabilities {firesTouchEvents: false}
        ▶ srcElement: button
        ▶ target: button
          timeStamp: 3863.6000000406057
        ▶ toElement: button
  Console   What's New  ×
```

いろんな情報がイベントオブジェクトのプロパティにあるのね！

あとで説明するけど、よく使うのはイベントが発生した要素(target)と、座標(clientX、clientYなど)かな。

メソッドに引数がある場合

　メソッドになんらかの引数がある場合にイベント情報を渡すには、最後の引数に **$event** を渡します。

```
v-on:click="メソッド名(引数1, ..., $event)
```

　$eventはイベント情報が格納されている特別な変数です。

●event-info2.html（一部）

```
1  <div id="app">
2      <button oclick="einfo('hello', $event)">イベント情報
</button> ❶
3  </div>
```

❶で最初の引数を'hello'、2番目の引数を$eventにしてeinfo()メソッドを呼び出しています。

●event-info2.js

```
var app = new Vue({
    el: '#app',
    methods: {
        einfo: function(msg, e) {
            console.log(msg); ❶
            console.log(e);   ❷
        }
    }
});
```

einfo()メソッドの定義では、❶❷で2つの引数をconsole.log()メソッドで表示しています。最初の引数には'hello'が、2番目の引数にはイベント情報が渡されます。

図4-1-5　最初の引数と、イベント情報を表示

イベントオブジェクトの基本的なプロパティ

次の表に、イベントオブジェクトの基本的なプロパティをまとめておきます。

表4-1-2 イベントオブジェクトの基本的なプロパティ

イベント	説明
target	イベントの発生源の要素
type	イベントの種類
clientX	イベントの発生位置のX座標
clientY	イベントの発生位置のY座標
offsetX	イベントの発生位置の要素内でのX座標
offsetY	イベントの発生位置の要素内でのY座標
screenX	イベントの発生位置のディスプレイ内でのX座標
screenY	イベントの発生位置のディスプレイ内でのY座標

4-1-5 クリックイベントを捕まえてイメージを移動する

イベントオブジェクトの使用例として、DOM要素の内部をクリックすると、イメージをその位置にスムーズに移動する例を示します。

図4-1-6 クリックした位置にイメージをゆっくりと移動

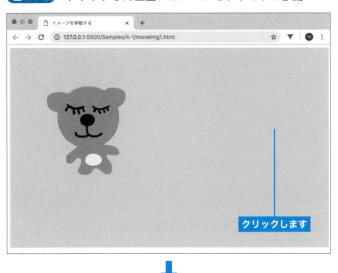

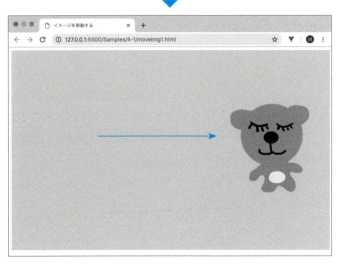

● moveImg1.html（一部）

```
1   <html lang="ja">
2     <head>
3       <meta charset="UTF-8" />
4       <title> イメージを移動する </title>
5       <style>
6         #app {
7           width: 800px;
8           height: 500px;
9           background-color: rgba(0, 255, 255);
10        }
11      </style>
12    </head>
13
14    <body>
15      <div id="app" @click="move">　❷
16        <img src="figs/kuma1.png" v-bind:style="myStyle" />　❸
17      </div>
18   〜略〜
```

❶でスタイルシートにより id が **app** の要素のサイズと背景色を設定しています。❷で @**click** ディレクティブにより、要素内がクリックされたら **move()** メソッドを呼び出すようにしています。❸が移動するイメージ（img 要素）です。"figs/kuma.jpg" を **src** 属性に設定し、「**v-bind:style**」によりインラインスタイルに **myStyle** プロパティを設定しています。

Vue インスタンス側を見てみましょう。

● moveImg1.js

```
1   var app = new Vue({
2     el: '#app',
3     data: {
4       imgWidth: 200,
5       imgHeight: 230,
```

次ページへ

```
 6        myStyle: {
 7            position: 'absolute',  ❷
 8            left: '50px',
 9            top: '100px',                        ❶
10            transition: 'all 1s'   ❸
11        }
12    },
13    methods: {
14        move: function(e) {
15            this.myStyle.left = e.clientX - this.imgWidth / 2 + 'px';
16            this.myStyle.top = e.clientY - this.imgHeight / 2 + 'px';    ❹
17        }
18    }
19 });
```

❶がイメージのスタイルシートを設定する **myStyle** プロパティの定義です。CSSのプロパティ名をキーに、その値を設定しています。

❷では **position** プロパティを **absolute** に設定して絶対位置指定にしています。

❸ではCSSアニメーションを設定する **transition** プロパティです。ここではアニメーションの時間を1秒に設定して、クリックした位置にイメージを1秒かけて移動するように設定しています。

❹が **move()** メソッドの定義です。スタイルシートの **left** プロパティ（左端の座標）と **top** プロパティ（上端の座標）がクリックした位置になるようにしています。この時、それぞれイメージの幅（imgWidth）と高さ（imgHeight）の半分を引いて、クリックした位置がイメージの中心になるようにしています。

図4-1-7 クリックした位置をイメージの中心にする

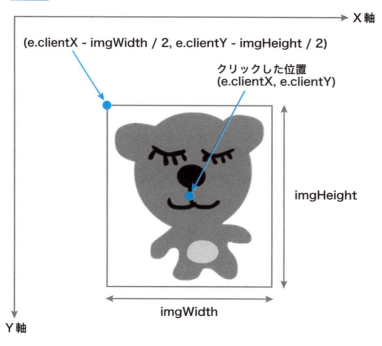

transitionプロパティは
CSS3で登場したプロパティね！

そうだね。CSSプロパティが、変化する時間を設定できるんだ。どのプロパティをアニメーションするか、アニメーションカーブの種類などいろいろな設定が可能なんで、ググってみるといいよ。

4-1-6 イベント修飾子について

v-onディレクティブには、次の形式でイベント処理の動作を設定する修飾子を設定できます。

v-on:イベント名.修飾子="メソッド"

例えばonce修飾子を指定すると、一度しかイベントに反応しなくなります。試しに、moveImg1.htmlのクリックイベントを次のように変更してみましょう。

```
<div id="app" @click="move">
```

```
<div id="app" v-on:click.once="move">
```

こうすると、最初のクリックにのみ反応しイメージが移動します。その後に別の場所をクリックしてもイメージは移動しません。

v-onディレクティブに修飾子を指定した場合にも、省略形は使えるのですか？

もちろん使えるよ。

```
<div id="app" v-on:click.once="move">
```
↓
```
<div id="app" @click.once="move">
```

表4-1-3 主なイベント修飾子

イベント修飾子	説明
capture	イベントハンドラをキャプチャーフェースで実行する
once	イベントハンドラを一度だけ実行する
self	イベントの発生源が自分自身の時のみ実行する(子要素のイベントは処理しない)
stop	イベントの伝搬を中止する
passive	イベントリスナーにpreventDefaultの処理をしていないことを伝える(スクロールの遅延を回避する目的で使用される)
prevent	イベントの規定の動作を中止する(preventDefaultメソッドを呼び出す)

Lesson 4-2 v-modelディレクティブを活用しよう

いろいろなフォームの要素を操作しよう

ここでは、まず、v-modelディレクティブの動作を設定する修飾子の使い方について説明します。その後で、フォームのいろいろな要素で双方向データバインディングを適用する方法について説明します。

双方向データバインディングでは、フォームのデータを変更すると、それがVueインスタンスのプロパティに反映されるのね。

テキストボックスだけでなく、チェックボックスや選択ボックスなど、さまざまな要素に使用できるよ。

4-2-1 v-modelディレクティブの修飾子

フォームのテキストボックスでは、**v-model**ディレクティブによる**双方向データバインディング**が利用できます。

例えばテキストボックスに入力された文字列と、Vueインスタンスの**msg**プロパティをバインドするには、次のようにします。

```
<input type="text" v-model="msg" />
```

これで、msgプロパティの値がテキストボックスに表示されます。また、テキストボックスの文字列を変更すると、それが即座にmsgプロパティに反映されます。
この時、v-modelディレクティブには、動作を設定する修飾子を指定することができます。

```
v-model.修飾子="プロパティ名"
```

次に、指定可能な修飾子を示します。

表4-2-1 v-modelディレクティブの修飾子

修飾子	説明
.lazy	inputイベントの代わりにchangeイベントを使用する
.number	文字列を数値に変換する
.trim	前後のスペースを取り除く

「.lazy」修飾子でデータの同期を遅らせる

デフォルトでは、テキストボックスに文字をタイプすると、すぐにVueインスタンスのプロパティに反映されます（日本語の場合には確定した時点で反映されます）。これは内部でDOMの**input**イベントを使っているためです。

次の例を見てみましょう。

●v-model1.html（一部）

```html
<div id="app">
    <label for="msg">文字列：</label>
    <input name="msg" type="text" v-model="msg" />  ❶
    <p>{{ msg }}</p>  ❷
</div>
```

●v-model1.js

```js
var app = new Vue({
    el: '#app',
    data: {
        msg: ''
    },
});
```

❶でテキストボックスに「v-model="msg"」を指定して、msgプロパティと双方向データバインディングを行なっています。❷でマスタッシュ構文によりmsgプロパティの値を表示しています。

図4-2-1　文字列をタイプするとすぐにプロパティが更新される

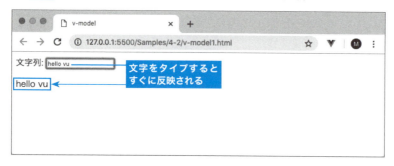

文字列をタイプした時点ではなく、Enterキーを押したタイミングや、テキストボックスからフォーカスが外れたタイミングでデータを更新するには「.lazy」修飾子を指定します。

● v-model2.html（一部）

```
<input name="msg" type="text" v-model.lazy="msg" />
```

「.lazy」修飾子を追加

こうすると、内部ではinputイベントの代わりにchangeイベントが使用され、変更がコミットされた時点でプロパティに反映されます。

図4-2-2　「.lazy」修飾子を指定する

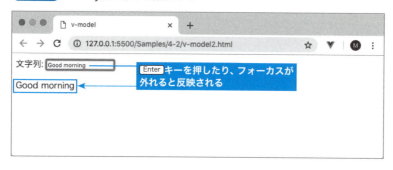

> テキストエリアにも双方向データバインディングが使えるのですか？

> もちろん使えるよ。
>
> `<textarea v-model="msg"></textarea>`
>
> テキストボックスと違ってテキストエリアの場合には複数行の文字列が扱えるんだ。

「.number」修飾子で数値を取得する

　テキストボックスで**v-model**ディレクティブを設定した場合、取得した値はデフォルトでは文字列になります。したがって、値を数値として扱う場合にはなんらかの方法で変換する必要があります。

　例えば、テキストボックスに10進数の数値を入力して16進数に変換するプログラムを考えてみましょう。

図4-2-3　16進数に変換

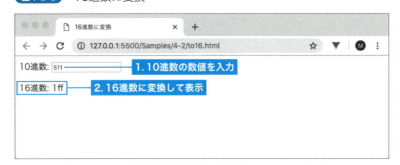

　16進数に変換する処理としては、取得した値に対して、引数に16を指定して**toString()**メソッドを実行すればよさそうです。

```
hex = dec.toString(16)
```

　ただし、**input**要素に「**type="number"**」属性を指定して、次のように数値のテキストフィールドにするだけではうまくいきません。

```
            <input name="dec" type="number" v-model="dec" />
```

これは、取得した値が文字列として扱われるからです。解決策としては、**v-model**ディレクティブに「**.number**」修飾子を指定します。

●to16.html（一部）

```
1  <div id="app">
2      <label for="dec">10進数：</label>
3      <input name="dec" type="number" v-model.number="dec" />  ❶
4      <p>16進数：{{ hex }}</p>  ❷
5  </div>
```

❶で「**v-model.number="dec"**」のように「**.number**」修飾子を指定することで、テキストボックスの値を数値として取得しています。

❷で、次に説明する**hex**算出プロパティの値をマスタッシュ構文で表示しています。

●to16.js

```
    var app = new Vue({
        el: '#app',
        data: {
            dec: 0
        },
        computed: {
            hex: function() {
                // 16進数に変換して戻す
                return this.dec.toString(16);  ❷
            }                                              ❶
        }
    });
```

❶が**hex**算出プロパティの定義です。❷で**toString(16)**を実行して16進数に変換しています。

v-modelディレクティブに「.number」修飾子を指定しない場合に、取得した値を16進数に変換するにはどうすればいいかな？

文字列を整数に変換するparseInt()関数を使って、次のようにしてもOKですね。

`return parseInt(this.dec).toString(16)`

なるほど。でも「.number」修飾子の方がシンプルで直感的ね。

複数の修飾子は繋げてもOK

1つの**v-model**ディレクティブに、複数の修飾子を繋げて指定しても構いません。

> **v-model.修飾子1.修飾子2="プロパティ名"**

例えば前述のto16.htmlで、テキストボックスからフォーカスが外れたりEnterキーを押したりするタイミングで変換を行うには、「**.number**」修飾子に加えて「**.lazy**」修飾子を追加します。

●to16-2.html（一部）

```
<input name="dec" type="number" v-model.number.lazy="dec" />
```

COLUMN

v-onとv-bindでv-modelと同様の動作をさせる

v-modelによる双方向データバインディングと同じような動作は、v-onディレクティブとv-bindディレクティブの組み合わせで実現できます。

```
<input name="msg" type="text" v-model="msg" />
```

⬇

```
<input name="msg" type="text" v-on:input="msg=$event.target.value" />
```

Lesson 4-1で説明したように、$eventはイベントオブジェクトを表す特別な変数です。$eventのtargetプロパティにイベントの発生源の要素が、そのvalueプロパティに文字列が格納されています。

ただし、v-modelディレクティブでは、日本語は確定すると反映されますが、v-onディレクティブとv-bindディレクティブの組み合わせでは確定前の文字列も反映されます。

図4-2-4 確定前の文字列も反映される

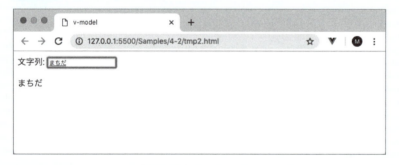

4-2-2 ラジオボタン

ここからはv-modelディレクティブが利用可能な、いろいろなフォームの要素の取り扱いについて説明しましょう。

まず**ラジオボタン**です。ラジオボタンは、複数の項目の中から1つを選択するためのフォーム部品です。**input**要素の**type**属性に「**radio**」を設定するとラジオボタンとなります。

Vue.jsで使用する場合、**v-model**ディレクティブで同じプロパティを指定することでラジオボタンをグループ化できます。また**value**属性で値を設定します。

次の例は、ラジオボタンで年齢を選択して、年齢に応じた料金を表示します。

図4-2-5 年齢に応じた料金を表示

●radiobutton1.html（一部）

```
1   <div id="app">
2       <h1> 料金は？ </h1>
3       <label for="under3"> 3才未満 </label>
4       <input id="under3" type="radio" v-model="age" value="under3" />
5       <label for="under13">13才未満 </label>
6       <input id="under13" type="radio" v-model="age" value="under13" />
7       <label for="under65">65才未満 </label>
8       <input id="under65" type="radio" v-model="age" value="under65" />
9       <label for="over65">65才以上 </label>
10      <input id="over65" type="radio" v-model="age" value="over65" />
11      <br />
12      <p v-if="fare >= 0">{{ fare }}円</p>  ❷
13  </div>
```

(行4〜10が ❶)

❶で4つのラジオボタンを用意して、すべて**v-model**ディレクティブで「**age**」に設定しています。これで4つのラジオボタンは**age**グループとなり、**age**プロパティとバインドさ

れます。また、それぞれ value 属性で、"under3"、"under13"、"under65"、"over65" を指定しています。

❷では v-if ディレクティブを使用して fare 算出プロパティの値が0以上であれば、マスタッシュ構文でその値を表示しています。

● radiobutton1.js

```
var app = new Vue({
    el: '#app',
    data: {
        age: 'under13'  ❶
    },
    computed: {
        fare: function() {
            if (this.age == 'under3') {
                return 0;
            } else if (this.age == 'under13') {
                return 1000;
            } else if (this.age == 'under65') {
                return 2000;
            } else if (this.age == 'over65') {
                return 0;
            } else {
                return -1;
            }
        }
    }
});
```
❷

Vueインスタンス側では、❶で age プロパティを 'under13' に初期化しています。❷で fare 算出プロパティを定義しています。return 文で、age プロパティの値に応じた料金を戻しています。

普通のHTMLではname属性で同じ名前を設定することによりラジオボタンのグループを構成することができますが、Vue.jsではv-modelディレクティブでグループ化するのですね。

なるほど！

4-2-3 チェックボックス

チェックボックスは、オン／オフの状態を個別に管理するフォーム要素です。**input**要素の**type**属性で**checkbox**を指定するとチェックボックスとなります。チェックボックスは、単一で使用することも、複数をまとめてグループとして管理することもできます。

単一のチェックボックス

単一のチェックボックスを**v-model**ディレクティブでバインドすると、**true/false**のブール値を戻します。次の例は、チェックボックスの状態に応じて**true**もしくは**false**を表示します。

図4-2-6 単一のチェックボックスの値を表示

●checkbox1.html(一部)

```
1  <div id="app">
2      <label for=adult>20才以上？</label>
3      <input id="adult" type="checkbox" v-model="adult"/>
4      {{ adult }}
5  </div>
```

●checkbox1.js

```
var app = new Vue({
    el: '#app',
    data: {
        adult: false
    }
});
```

true-value属性/false-value属性で指定した値を戻す

チェックボックスに **true-value** 属性と **false-value** 属性を使用すると、ブール値以外の値を戻すことができます。次の例は、チェックされていれば「購入可能」、されていなければ「購入不可」と表示します。

図4-2-7　値として購入可能/購入不可を戻す

●checkbox2.html（一部）

```html
<div id="app">
    <label for="adult">20才以上？</label>
    <input
        id="adult"
        type="checkbox"
        v-model="adult"
        true-value="購入可能" ❶
        false-value="購入不可" ❷
    /><br />
    {{ adult }}
</div>
```

❶でtrue-value属性に「購入可能」を、❷でfalse-value属性に「購入不可」を設定しています。

●checkbox2.js

```js
var app = new Vue({
    el: '#app',
    data: {
        adult: '購入不可'
    }
});
```

複数のチェックボックスをグループ化する

チェックボックスを使用して、複数の選択肢の中から複数選べるようにするには、ラジオボタンと同じく**v-model**属性で同じプロパティを設定してグループ化します。複数選択される可能性があるためプロパティは配列として用意します。

次の例は、行ってみたい国のアンケートです。チェックした国をリストに表示します。

図4-2-8　グループ化したチェックボックスの値を取得

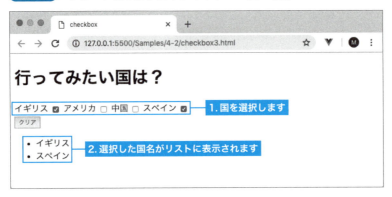

「**クリア**」ボタンをクリックすると表示をクリアします。

●checkbox3.html（一部）

```
1  <div id="app">
2      <h1>行ってみたい国は？</h1>
3      <label for="england">イギリス</label>
4      <input id="england" type="checkbox" v-model="countries" value="イギリス" />
5      <label for="usa">アメリカ</label>
6      <input id="usa" type="checkbox" v-model="countries" value="アメリカ" />
7      <label for="china">中国</label>
8      <input id="china" type="checkbox" v-model="countries" value="中国" />
9      <label for="spain">スペイン</label>
10     <input id="spain" type="checkbox" v-model="countries" value="スペイン" />
11     <br />
12     <button @click="countries=[]">クリア</button>  ❷
13     <ul>
14         <li v-for="c in countries">{{ c }}</li>  ❸
15     </ul>
16 </div>
```

❶で4つのチェックボックスを用意しています。**v-model**ディレクティブを全て「**countries**」に設定しグループ化している点に注目してください。

❸で**v-for**ディレクティブで**countries**プロパティをリスト表示しています。

❷で「**クリア**」ボタンを用意して、クリックすると配列countriesを空にしています。これでチェックボックスが全てクリアされます。

● checkbox3.js

```
var app = new Vue({
    el: '#app',
    data: {
        countries: [] ❶
    }
});
```

Vueインスタンス側では、❶でcountriesプロパティを空の配列として用意しています。

4-2-4　選択ボックス

選択ボックス（select要素）にも**v-model**ディレクティブを指定することで双方向データバインディングが行えます。デフォルトでは、選択した**option**要素のコンテンツ部分の値が戻されます。

次に、radiobutton1.html（p.161）の、選択した年齢に応じて料金表示するサンプルをラジオボタンから選択ボックスに変更した例を示します。

図4-2-9　年齢に応じた料金を表示

●select1.html（一部）

```
<div id="app">
    <h1>料金は？</h1>
    <select v-model="age"> ❶
        <option disabled value="">年齢？</option> ❷
        <option>3才未満</option>
        <option>13才未満</option>
        <option>65才未満</option>
        <option>65才以上</option>
    </select>
    <br />
    <p v-if="fare >= 0">{{ fare }}円</p>
</div>
```

❶で選択ボックスに v-model ディレクティブで age プロパティをバインドしています。❷の最初の option 要素に disabled 属性を指定することによりラベルとして使用しています。

●select1.js

```
var app = new Vue({
    el: '#app',
    data: {
        age: ''
    },
    computed: {
        fare: function() {
            console.log(this.age);
            if (this.age == '3才未満') {
                return 0;
            } else if (this.age == '13才未満') {
                return 1000;
            } else if (this.age == '65才未満') {
                return 2000;
```
❶

次ページへ

```
        } else if (this.age == '65才以上') {
            return 0;
        } else {
            return -1;
        }
    }
});
```

❶の **fare** 算出プロパティの処理は、radiobutton1.htmlと同じです。

option要素のコンテンツの値ではなく、指定した値を戻すこともできるの？

value属性を使えばできるよ。例えば「3才未満」の代わりに「under3」を戻すには、次のようにすればいいんだ。

<option>3才未満**</option>**

<option value="under3">3才未満**</option>**

複数要素を選択可能な選択ボックス

select要素に**multiple**属性を設定すると、複数の項目を選択可能な選択ボックスとなります。この場合、戻される値は配列となります。次にチェックボックスを使用して行ってみたい国を選択するcheckbox3.html（p.166）を、選択ボックスで選択するように変更した例を示します。

図4-2-10 選択した国をリストに表示する

●select2.html（一部）

```
<div id="app">
    <h1>行ってみたい国は？</h1>
    <select v-model="countries" multiple> ❶
        <option>イギリス</option>
        <option value="USA">アメリカ</option> ❷
        <option>中国</option>
        <option>スペイン</option>
    </select>
    <br />
    <button v-on:click="countries=[]">クリア</button>
    <ul>
        <li v-for="c in countries">{{ c }}</li>
    </ul>
</div>
```

❶でselect要素にmultiple属性を指定しています。これで複数選択可能になり、v-modelディレクティブで指定したcountriesプロパティは配列になります。

❷だけvalue属性に「USA」を設定しているけど。

プロパティに渡される値はvalue属性がある場合にはその値、ない場合にはoption要素のコンテンツに記述した値となるんだ。

●select2.js

```
var app = new Vue({
    el: '#app',
    data: {
        countries: []  ❶
    }
});
```

Vueインスタンス側では、❶でcountriesプロパティを用意し空の配列に初期化しています。

4-2-5 v-forでラジオボタンや選択ボックスのオプションを動的に用意する

ラジオボタンや選択ボックスなどで複数の選択項目を動的に描画するには、**v-for**ディレクティブが使用できます。選択ボックスの例で説明しましょう。

次の例は、Vueインスタンスの**clist**プロパティに、**en**キーで英語の国名、**ja**キーで英語の国名を設定したオブジェクトの配列を用意しています。

●select3.js

```
var app = new Vue({
    el: '#app',
    data: {
        clist: [
            { en: 'ENGLAND', ja: 'イギリス' },
            { en: 'USA', ja: 'アメリカ' },
            { en: 'CHINA', ja: '中国' },
            { en: 'SPAIN', ja: 'スペイン' }
        ],                                          ❶
        countries: []
    }
});
```

❶の clist プロパティの各要素を、select 要素の option 要素として描画するには次のようにします。

●select3.html（一部）

```
<div id="app">
    <h1>行ってみたい国は？</h1>
    <select v-model="countries" multiple>
        <option v-for="c in clist" v-bind:value="c.en"> ❶
            {{ c.ja }} ❷
        </option>
    </select>
    <br />
    <button v-on:click="countries=[]">クリア</button>
    <ul>
        <li v-for="c in countries">{{ c }}</li>
    </ul>
</div>
```

❶でv-forディレクティブを使用して、clistプロパティから要素を順に取り出し変数cに代入して、option要素を描画しています。この時「v-bind:value="c.en"」で英語の国名をvalue属性にバインドしています。

❷でマスタッシュ構文により日本語の国名をoption要素のコンテンツとして表示しています。

図4-2-11 option要素を動的に生成する

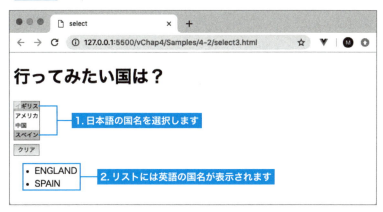

v-forディレクティブで動的にオプションを用意する方法は、選択項目が多い場合に便利そうね！

選択肢となる値をAjaxで読み込んで、動的に選択ボックスを表示する時にも使えそうですね。

Lesson 4-3 項目をディスクに保存できるtodoリストに挑戦
todoリストを作ろう

ここでは、Vue.jsを使用したフォームの要素の活用例としてシンプルなtodoリストを作ってみましょう。HTML5のWebストレージ機能を使用してtodo項目をローカルディスクに保存できるようにします。

todoリストってなんか難しそう…

これまでの説明がわかっていればそれほどでもないよ。頑張って挑戦しよう！

4-3-1 どんなtodoリストを作成するのか

今回作成する**todoリスト**の機能を紹介します。テキストボックスに文字列を入力して「追加」ボタンをクリックするとtodo項目が追加されます。

図4-3-1 項目を追加

完了した項目は、チェックボックスにチェックをつけると取り消し線が引かれます。

図4-3-2 完了した項目をチェック

完了した項目の上にマウスカーソルを移動すると、「削除」ボタン（ x ボタン）が表示されるのでクリックすると項目が削除されます（ただし完了していない項目は削除できません）。

図4-3-3 完了した項目を削除

なお、todo項目と、項目が完了したかどうかの状態はHTML5の**ローカルストレージ**に保存して、次にアクセスした時に自動的に読み込まれるようにしています。

4-3-2 todoリストの基本部分を作成する

まずはtodoリストの基本部分を作成しましょう。

●todo1.html（スタイルシート部分）

```
<style>
    .delbtn {
        margin-left: 10px;
```

次ページへ

```css
}
.done {
    color: gray;
    text-decoration: line-through;
}
```
❶

```
</style>
```

❶で、完了済みの項目に適用する done クラスを定義しています。color プロパティを gray に、text-decoration プロパティを line-through（打ち消し線）に設定しています。

●todo1.html（HTMLテンプレート部分）

```html
<div id="app">
    <h1>Todo リスト </h1>
    <input
        type="text"
        v-model.trim="newtodo"
        placeholder="todo を入力してください "
    />
    <button @click="addTodo"> 追加 </button>
    <ul>
        <li
            class="todolist"
            v-for="todo, index in todolist"
            v-bind:class="{done: todo.done}"
            @mouseover="todo.hover=true"
            @mouseout="todo.hover=false"
        >
            <input type="checkbox" v-model="todo.done" />
            <span>{{ todo.text }}</span>
            <button
                class="delbtn"
                @click="remove(index)"
                v-show="todo.done && todo.hover"
            >x
```

❶ ❷ ❸ ❹ ❺ ❻

次ページへ

```
        </button>                                         ❻
    </li>
  </ul>
</div>
```

❶で新規todo項目入力用のテキストボックスを用意しています。**v-model**ディレクティブにより**newtodo**プロパティと双方向データバインディングを設定しています。

```
<input
    type="text"
    v-model.trim="newtodo"      ⓐ
    placeholder="todoを入力してください　"
/>
```

ⓐで**v-model**ディレクティブに「**.trim**」修飾子を指定して、あらかじめtodo項目の前後のスペースを取り除いてます。

❷の「追加」ボタンでは、**@click**ディレクティブによりクリックされるとaddTodo()メソッドを呼び出して、テキストボックスに入力されたtodo項目を、配列として用意した**todolist**プロパティに格納しています。todolistプロパティの各要素は次のようなキーを持つオブジェクトです。

表4-3-1 todolistプロパティの各要素

キー	説明
text	todo項目
done	完了済みかどうかを示すブール値
hover	マウスカーソルが要素の上にあるかどうかを示すブール値

❸の**li**要素では、**v-for**ディレクティブにより**todolist**プロパティから1つずつ項目を取り出し表示しています。

```
<li
    class="todolist"
    v-for="todo, index in todolist"    ⓐ
    v-bind:class="{done: todo.done}"   ⓑ
    @mouseover="todo.hover=true"       ⓒ
```

```
        @mouseout="todo.hover=false"  d
>
```

ⓐでtodolistから項目とインデックスを取り出して、それぞれ変数todoと変数indexに格納しています。

ⓑの「v-bind:class="{done: todo.done}"」により、todo項目のdoneプロパティがtrueの場合に、クラスをdoneに設定し打ち消し線を表示しています。またⓒⓓでは、todo項目のhoverプロパティを、mouseoverイベントでtrueに、mouseoutイベントでfalseにすることで、マウスカーソルがli要素の上に来た時に「削除」ボタンを表示するようにしています。

❹が完了したかどうかのチェックボックスです。v-modelディレクティブによりtodo.doneプロパティと双方向データバインディングを設定しています。

```
<input type="checkbox" v-model="todo.done" />
```

❺でマスタッシュ構文によりtodo項目の文字列（text）を表示しています。

```
<span>{{ todo.text }}</span>
```

❻が「削除」ボタン（xボタン）です。

```
<button
    class="delbtn"
    @click="remove(index)"  a
    v-show="todo.done && todo.hover"  b
>x
</button>
```

ⓑのv-showディレクティブによりtodo.doneがtrueかつtodo.hoverがtrue、つまり完了していて、かつマウスカーソルがli要素の上にあれば「削除」ボタンを表示するようにしています。ⓐでは、クリックされるとindexを引数にremove()メソッドを呼び出します。

v-showディレクティブは
v-ifディレクティブでもいいのよね？

「削除」ボタンは表示/非表示を頻繁に行うので、v-showディレクティブの方が負荷が少なくてベターだね。

次に、Vueインスタンス側のリストを示します。

●todo1.js

```
1   var app = new Vue({
2       el: '#app',
3       data: {
4           newtodo: '',         ❶
5           todolist: []         ❷
6       },
7       methods: {
8           addTodo: function() {
9               if (this.newtodo == '') return;
10              this.todolist.push({ text: this.newtodo,
    done: false, hover: false});  ❹                          ❸
11              this.newtodo = '';
12          },
13          remove: function(index) {
14              if (this.todolist[index].done == true) {
15                  this.todolist.splice(index, 1);  ❻        ❺
16              }
17          }
18      },
19  });
```

データオブジェクトのプロパティとしては、❶で新規のtodo項目を管理する **newtodo** と、❷でtodo項目の一覧を管理する **todolist** 配列を用意しています。

❸が **addTodo()** メソッドでの定義です。❹で配列の **push()** メソッドを使って、新たな項目をtodolist配列に追加しています。

❺のremove()メソッドでは、削除する要素のインデックスを引数に渡して、❻のsplice()メソッドでtodolist配列から削除しています。

実行してみよう

この状態で実行して、正しくtodo項目が追加されること、完了したtodo項目が削除できることを確認してみましょう。

図4-3-4 項目の追加と削除を確認

再読み込みすると、項目が消えちゃうわね。

まだデータを保存していないからね。
それと、このサンプルでは「削除」ボタンの表示/非表示を、li要素の@mouseoverと@mouseleaveのイベントでhoverプロパティを設定して、v-showディレクティブで切り替えているけど、CSSだけでもできるよね。

CSSなら任せて！直下の子要素を指定する「>」を使用して、こうね！

```
<style>
    .delbtn {
        margin-left: 10px;
        visibility: hidden;
    }
    ～略～
    li:hover > .delbtn {
        visibility: visible;
    }
<style>
```

初期状態は非表示

li要素にマウスカーソルがくると表示

なるほど。
やり方はいろいろあるということですね。

4-3-3　ローカルストレージについて

　続いて、todoリストのデータを保存する機能を追加します。その前にローカルストレージの使い方について簡単に説明しておきましょう。

　HTML5では、**Webストレージ**機能により、Webブラウザ側でデータをローカルディスクに保存できるようになります。

　Webストレージのデータの保存方法として、「**セッションストレージ**」（Session Storage）と「**ローカルストレージ**」（Local Storage）の2種類があります。セッションストレージは、その名の通り1つのセッション単位でデータを保存します。Webブラウザのウィンドウを閉じるとデータは消去されます。それに対して、ローカルストレージはデータを永続的に保持します。todoリストで使用するのはローカルストレージです。

ローカルストレージの保存と読み出し

　ローカルストレージでは、キーと値のペアでデータを保存します。注意点として、保存可能なデータ形式はテキストデータ、つまり文字列のみです。

　ローカルストレージにデータを保存するには、**localStorageオブジェクト**の**setItem()メソッド**を使用します。

```
localStorage.setItem(キー, 値);
```

逆に、ローカルストレージから指定したキーに対する値を読み出すには**getItem()メソッド**を使用します。

```
変数名 = localStorage.getItem(キー)
```

Webストレージの保存領域は、接続先のサーバごとに用意されるんだ。さらに保存エリアはクライアント、つまりWebブラウザごとに作成される。

どういうこと？

つまり、同じパソコンからアクセスした場合でも、たとえばGoogle Chromeで作成されたデータにはFirefoxから読み書きできないってことだね。

ローカルストレージにオブジェクトを保存するには

前述のように、ローカルストレージに保存できる値は文字列のみです。オブジェクトを保存したい場合には、オブジェクトをいったん**JSON**形式の文字列に変換してから保存します。逆に、読み込む場合には、読み出したJSON形式の文字列をオブジェクトに変換します。

JavaScriptのオブジェクトをJSON形式の文字列に変換するには**JSON.stringify()メソッド**を、逆にJSON形式の文字列をオブジェクトに変換するには**JSON.parse()メソッド**を使用します。

図4-3-5 JavaScriptオブジェクトと文字列の変換

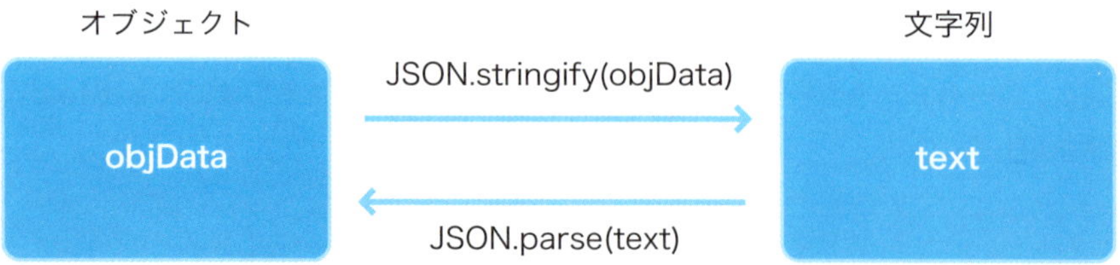

オブジェクト　　　　　　　　　　　　　　　文字列

objData　──JSON.stringify(objData)──▶　text
　　　　　◀──JSON.parse(text)──

JSON形式の文字列をオブジェクトに変換するのに、eval()関数も使えますよね。

eval()関数は、任意のコードを実行できてしまうのでセキュリティ的に弱いんだ。JSON.parse()メソッドを使った方がベターだね。

4-3-4 todoをローカルストレージに保存する

それでは、todoリストの項目をローカルストレージに保存できるようにしてみましょう。

保存するタイミングはウオッチャで

Vue.jsでは「**ウオッチャ**」と呼ばれる、指定したプロパティを監視して、変更があった場合に関数を呼び出す機能があります。

Vueコンストラクタに渡すオブジェクト内で、次のように**watchオプション**として記述します。

```
watch: {
    監視するプロパティ: functon() {
        処理
    }
}
```

ここではウオッチャで**todolist**プロパティを監視して、追加、削除があったタイミングで

ローカルストレージに保存するようにします。

まず、データオブジェクトのローカルストレージのキーとして使用するプロパティを追加します。

●todo2.js（一部）

```
data: {
    storageKey: 'todolist', ❶   ←追加する
    newtodo: '',
    todolist: []
},
```

❶で**storageKey**プロパティを追加して**'todolist'**に設定しています。

ウオッチャを追加する

次に**ウオッチャ**を関数として追加します。

●todo2.js（一部）

```
watch: {
    todolist: function() { ❶
        // 保存
        localStorage.setItem(
            this.storageKey,
            JSON.stringify(this.todolist) ❸
        );                                      ❷
    }
}
```

❶でウオッチャを使用して**todolist**プロパティを監視するようにしています。変化があると❷の**setItem()**メソッドが実行されデータが保存されます。❸ではJSONオブジェクトの**stringify()**メソッドにより todolist プロパティを文字列に変換しています。

これでデータを保存できるようになりました。

created()ライフサイクル関数を追加する

次に、todoアプリを開いた時にデータをローカルストレージから読み込むために、**created()関数**を追加します。created()関数はVueインスタンスが生成された時に自動で実行される**ライフサイクル関数**（p.189のColumn「ライフサイクル関数」参照）です。

●リスト:todo2.js（一部）

```
created: function() {
    var dataStr = localStorage.getItem(this.storageKey); ❶
    if (dataStr) {
        this.todolist = JSON.parse(dataStr); ❷
    }
},
```

❶でlocalStorageオブジェクトのgetItem()メソッドを実行して、ローカルストレージからデータを読み込んで変数dataStrに格納しています。❷でJSON.parse()メソッドによってオブジェクトに変換して、todolistプロパティに代入しています。

実行してみよう

この状態でWebブラウザで読み込んで実行してみましょう。新規のtodo項目がすぐにローカルストレージに反映されます。ただし、再読み込みすると、完了を示すdoneプロパティの値が反映されません。

図4-3-6 完了状態が保存されない

ほんとだ、Webページを開きなおすと、完了のチェックボックスが全部チェックなしの状態になってしまうわね。

ウオッチャの設定に問題があるのかな？

COLUMN

デベロッパーツールでローカルストレージを確認する

Google Chromeのデベロッパーツールの場合、「Application」パネルの「Storage」➡「Local Storage」でローカルストレージの状態を確認できます。

図4-3-7　ローカルストレージの状態

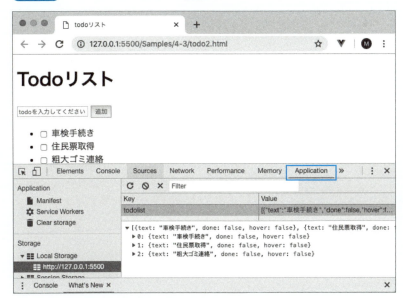

「Key」（キー）と「Value」（値）のペアでデータが保存されていることが確認できると思います。また✕ボタンをクリックするとローカルストレージのデータを消去できます。

ウオッチャで深い階層までチェックする

　実は、**ウオッチャ**はデフォルトでは深い階層の変更はチェックしません。この場合、todo項目自体の追加／削除には反応しますが、todo項目のプロパティである完了の状態（doneプロパティ）の変更は検出されないわけです。

　これを検出するには、ウオッチャの定義で **deep** オプションを **true** に設定して、**handler** キーで関数を定義します。

●todo3.js（一部）

```
todolist: {
    handler: function() {
        // 保存
        localStorage.setItem(
            this.storageKey,
            JSON.stringify(this.todolist)
        );
    },                                  ❶
    deep: true    ❷
}
```

❶で、**handler** で関数を定義しています（内容は同じです）。❷で **deep** オプションの値を **true** に設定しています。

　これで完了状態が保存されるようになりました。

図4-3-8　ウオッチャで深い階層までチェック

これで完了の状態も保存されるようになったね！

ということは、ウオッチャではいつもdeepオプションをtrueに設定すればいいのでは？

いやいや、オブジェクトの階層が深いと、その分負荷がかかるからね。必要な場合のみtrueにした方がベターだね。

COLUMN

ライフサイクル関数

Vueインスタンスの生成から破棄までの一連のライフサイクルの中で自動的に呼び出される関数があります。それらを**ライフサイクル関数（ライフサイクルフック）**と呼びます。ライフサイクル関数をVueインスタンスのコンストラクタで定義することによって、たとえばVueインスタンスが描画される前に、Ajaxなどでデータを読み込んでおくといった処理が可能になります。

表4-3-2　ライフサイクル関数

関数	呼び出されるタイミング
beforeCreate	インスタンスが生成される直前
created	インスタンスが生成された直後
beforeMount	インスタンスがマウントされる直前
mounted	インスタンスがマウントされた直後
beforeUpdate	インスタンスが更新され再描画が行われる直前
updated	インスタンスが更新され再描画行われた直後
beforeDestroy	インスタンスが破棄される直前
destoroyed	インスタンスが破棄された直後

Lesson 4-4 お絵かきアプリを作ろう

キャンバスを活用しよう

ここでは、フォームの要素の活用例としてお絵かきアプリを作ってみましょう。ラジオボタン、選択ボックスといった要素で色や線幅を選択できます。描画領域にはHTML5のキャンバスを使用します。

フォームの要素の使い方にもだいぶなれたね！

次はお絵かきアプリ！なんか楽しそう。

4-4-1 どんなお絵かきアプリを作るの？

このLessonで作成するのは、マウスをドラッグすることで図形を描画していくお絵かきアプリです。選択ボックスで線幅を、ラジオボタンで色を選択できるようにしています。また、最後に描いた線を1つずつ消去していくアンドゥ機能、選択した色で再描画する機能を用意しています。

次ページに、作成するお絵かきアプリの実行画面を示します。

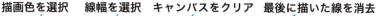

図4-4-1 お絵かきアプリ

4-4-2 キャンバスについて

お絵かきアプリの描画領域には、HTML5の**キャンバス**を使用しています。キャンバスの描画エリアは**canvas**要素として定義します。たとえば幅600ピクセル、高さ400ピクセルで、id属性が「**myCanvas**」のキャンバスを用意するには次のように記述します。

```
<canvas id="myCanvas" width="600" height="400"></canvas>
```

キャンバスのコンテキストを取得する

キャンバスに描画するためには、あらかじめ**getContext()**メソッドを使用して描画の対象となるコンテキストを取得しておきます。

```
var ctx = キャンバス.getContext('2d');
```

線を描く

次の手順で、コンテキストに対してメソッドを実行して線を引きます。次に座標(x1, y1)から座標(x2, y2)まで線を引く手順を示します。

```
ctx.strokeStyle = " 色 ";          ── 色を設定する
ctx.lineWidth = 線幅;              ── 線幅を設定する
ctx.beginPath();                   ── パスを開始する
ctx.moveTo(x1, y1);                ── パスの起点を設定する
ctx.lineTo(x2, y2);                ── パスの終点を設定する
ctx.stroke();                      ── 起点から終点まで線を描く
```

描いた線を記録するために

キャンバスにユーザがドラッグした軌跡を描くには、マウスカーソルを移動すると発生する **mousemove** イベントごとにその座標の間を結んでいきます。ただし、作成するお絵かきアプリではひとつ前の線を消す機能と、選択色で再描画する機能を用意しています。そのため、描いた線を記録しておく必要があります。

お絵かきアプリでは、描いた線を記憶するために次のような2つのユーザ定義クラスを用意しています。

表4-4-1 描画線を記憶するためのユーザ定義クラス

クラス	説明
Point	イベントの発生した位置の座標を管理するクラス。X座標をxプロパティ、Y座標をyプロパティとして管理する
Line	一本の線を管理するクラス。線を構成する点をpointsプロパティ、線の幅をwidthプロパティ、色をcolorプロパティとして管理する

クラスはES2015の機能よね?

そうだね。現在ではほとんどのブラウザでサポートされているので、ここではコードをシンプルにするためにクラスを使用しているんだ。

一本の線を管理する **Line** クラスは、線を構成する点を **points** プロパティとして管理しています。points プロパティは **Point** オブジェクトを要素とする配列です。

図4-4-2 Lineオブジェクト

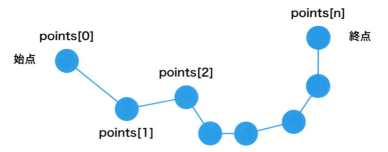

さらに、プログラム内では個々の線である **Line** オブジェクトをまとめて、配列「**lines**」として管理します。

線を描くには

これらのオブジェクトを利用して線を描画するための処理の流れは次のようになります。

1. **マウスボタンが押される（mousedownイベントが発生）**

    Lines オブジェクト「**line**」を生成して、配列「**lines**」に追加する。描画中のフラグ「**isDrawing**」を「**true**」に設定する

2. **マウスがドラッグされる（mousemoveイベントが発生）**

    Point オブジェクト「**point**」を生成して、マウスの現在位置の座標を格納する。point を、line の **points** プロパティ（配列）に追加する

3. **マウスボタンが離される（mouseupイベントが発生）**

    描画中のフラグ「**isDrawing**」を「**false**」にする

以上で、線が描かれると同時に、配列「**lines**」の各要素にはそれぞれの線（Lineオブジェクト）が順に格納されます。

配列lines

lines[0]

lines[1]

lines[2]

「ひとつ前の線を消去」ボタンをクリックすると、最後に描いた線から順に消去してますが、これはどのようにして実行しているのですか？

一反キャンバスをクリアして、配列「lines」の最後の要素を削除して、配列「lines」の残りの要素を再描画しているんだね。

なるほど。それでは「選択色で再描画」も、いったんキャンバスをクリアしてから選択色で再描画しているのですね。

そうか。それで描いた線を配列に保存しておく必要があるのね。

4-4-3 お絵かきアプリの基本部分を作成する

これまでの説明を元に、まずはお絵かきアプリの描画部分を作成しましょう。次にHTMLテンプレート部分のリストを示します。

●oekaki1.html(一部)

```html
 1  <div id="app">
 2      色：<label><input type="radio" value="black" v-model="color">黒</label>
 3      <label><input type="radio" value="red" v-model="color">赤</label>
 4      <label><input type="radio" value="yellow" v-model="color">黄</label>
 5      <label><input type="radio" value="green" v-model="color">緑</label>
 6
 7      <label for="width">線幅</label>
 8      <select v-model="width">
 9       <option v-for="num in [1, 2, 3, 4, 5, 6, 7, 8, 9]">{{ num }}</option>
10      </select>
11      <button @click="clearAll()">すべて消去</button>
12      <button @click="undo()">ひとつ前の線を消去</button>
        <button @click="redraw()">選択色で再描画</button>
13      <canvas
14          ref="myCanvas"
15          width="600"
16          height="400"
17          @mousedown="mousedown"
18          @mousemove="mousemove"
19          @mouseup="mouseup"
20      ></canvas>
21  </div>
```

❶が描画色を選択するラジオボタンです。v-modelディレクティブでcolorプロパティに双方向データバインディングしています。

❷が線幅の選択ボックスです。v-modelディレクティブでwidthプロパティに双方向データバインディングしています。またv-forディレクティブで動的にoption要素を生成しています。

❸は「すべて消去」「ひとつ前の線を消去」「選択色で再描画」ボタンです。クリックされると、それぞれclearAll()メソッド、undo()メソッド、redraw()メソッドを呼び出しています。

❹がキャンバスです。mousedown、mousemove、mouseupイベントで、対応するメソッドを呼び出しています。

DOM要素を参照するref属性について

ここで、❺でcanvas要素にref属性が設定されている点に注目してください。

```
<canvas
    ref="myCanvas"
    〜略〜
></canvas>
```

ref属性はVue.jsの独自属性です。Vueインスタンス内でDOM要素に直接アクセスするためのものです。Vueインスタンスからは、次の形式でDOM要素にアクセスできます。

```
this.$refs.ref属性の値
```

JavaScriptのコード

次に、JavaScriptファイルを示します。

●oekaki1.js

```
// Line クラス
class Line {
    constructor(points, color, width) {
        this.width = width;
        this.points = points;
        this.color = color;
    }
}
```
❶

```
// Point クラス
class Point {
    constructor(x, y) {
        this.x = x;
        this.y = y;
    }
}
```
❷

```
var vm = new Vue({
    el: '#app',
    data: {
        line: null,
        lines: [],
        points: [],
        color: 'black',
        width: 4,
        isDrawing: false,
        canvas: null
    },
    methods: {
        mousedown: function(event) {
            this.isDrawing = true; // 描画開始
            this.points = [];
            this.points.push(new Point(event.offsetX, event.offsetY));
```
❸

次ページへ

```
33              // Lineオブジェクトを生成
34              this.line = new Line(this.points, this.
color, this.width);
35              // linesに線を追加
36              this.lines.push(this.line);
37          },
38          mousemove: function(event) {
39              if (!this.isDrawing) return;
40              //console.log(event)
41              // ひとつ前のポイント
42              var prevPoint = this.line.points[this.
line.points.length - 1];
43
44              // 線を描く
45              var x = event.offsetX;
46              var y = event.offsetY;
47
48              var ctx = this.canvas.getContext('2d');
49              ctx.strokeStyle = this.color;
50              ctx.lineWidth = this.width;
51              ctx.beginPath();
52              ctx.moveTo(prevPoint.x, prevPoint.y);
53              ctx.lineTo(x, y);
54              ctx.stroke();
55              ctx.closePath();
56              this.line.points.push(new Point(x, y));
57          },
58          mouseup: function(event) {
59              this.isDrawing = false;
60          }
61      },
62      mounted: function() {
63          this.canvas = this.$refs.myCanvas;
64      }
```

```
65  });
```

❶が Line クラス、❷が Point クラスの定義です。どちらもコンストラクタ（constructor）を用意して、引数をプロパティに格納しているだけのシンプルなクラスです。

❸の mousedown() メソッドでは、isDrawing プロパティを true に設定して描画を開始しています。まず、points プロパティに最初のポイントを登録して、続いて Line オブジェクトを生成して lines プロパティに追加しています。

❹の mousemove() メソッドでは、マウスのドラッグに応じて前のポイントから現在のポイントまで線を引いていきます。

❺の mouseup() メソッドでは、isDrawing プロパティを false に設定して描画を終了します。

❻の mounted() ライフサイクル関数では、$refs を使用してキャンバスを取得し canvas プロパティに代入しています。

この状態で実行して、選択した色と線幅で線が描けることを確認してください。

図4-4-4 色と線幅を選択して図形を描画

❻でライフサイクル関数としてmounted()を使用していますが、created()は使えないんですか？

created()ではダメなんだ。ここではDOM要素であるキャンバスを取得しているよね。created()の内部では、まだDOM要素にアクセスできないんだね。

4-4-4 削除機能と選択色で描画機能を作成する

続いて、削除機能と、選択色で再描画機能を付け加えてみましょう。新たに**clearAll()**メソッド、**undo()**メソッド、**redraw()**メソッドを用意します。

●oekaki2.js（一部）

```
1  methods: {
2      ～略～
3      clearAll: function() {
4          this.lines = []
5          var ctx = this.canvas.getContext('2d');
6          ctx.clearRect(0, 0, this.canvas.width, this.canvas.height)
7      },
8      undo: function() {
9          if (this.lines.length == 0) return;
10 
11         // キャンバスをクリアする
12         var ctx = this.canvas.getContext('2d');
13         ctx.clearRect(0, 0, this.canvas.width, this.canvas.height)
```

❶

❷

次ページへ

```
            // 最後の線を削除
            this.lines.pop();

            // ポイントを2つずつ取り出して描画する
            for (i = 0; i < this.lines.length; i++) {
                var line = this.lines[i];
                for (j = 0; j < line.points.length - 1; j++) {
                    point1 = line.points[j];
                    point2 = line.points[j + 1];
                    ctx.strokeStyle = line.color;
                    ctx.lineWidth = line.width;
                    ctx.beginPath();
                    ctx.moveTo(point1.x, point1.y);
                    ctx.lineTo(point2.x, point2.y);
                    ctx.stroke();
                }
            }
        },
        redraw: function() {
            if (this.lines.length == 0) return;
            // キャンバスをクリアする
            var ctx = this.canvas.getContext('2d');
            ctx.clearRect(0, 0, this.canvas.width, this.canvas.height)
            for (i = 0; i < this.lines.length; i++) {
                var line = this.lines[i];
                line.color = this.color // 色を選択色に
                for (j = 0; j < line.points.length - 1; j++) {
                    point1 = line.points[j];
                    point2 = line.points[j + 1];
                    ctx.strokeStyle = line.color;
```

次ページへ

```
45                    ctx.lineWidth = line.width;
46                    ctx.beginPath();
47                    ctx.moveTo(point1.x, point1.y);
48                    ctx.lineTo(point2.x, point2.y);
49                    ctx.stroke();
50                    ctx.closePath();
51                }
52            }
53        }
54 }
```

❶が「**すべて消去**」ボタンのクリックで呼び出される **clearAll()** メソッドです。**lines** プロパティを空にして、指定した範囲の矩形領域をクリアする **clearRect()** メソッドでキャンバスをクリアしています。

❷が「**ひとつ前の線を消去**」ボタンのクリックで呼び出される **undo()** メソッドです。キャンバスをクリアしてから、**lines** プロパティの最後の要素を削除しています。そのあとは **lines** から順に点を取り出して結んでいくことで図形を再描画しています。

❸が「**選択色で再描画**」ボタンのクリックで呼び出される **redraw()** メソッドです。キャンバスをクリアしてから、**color** プロパティを描画色に設定して、再描画しています。

以上で、「すべて消去」「ひとつ前の線を消去」「選択色で再描画」の３つのボタンが機能するようになりました。

図4-4-5 「ひとつ前の線を消去」をクリック

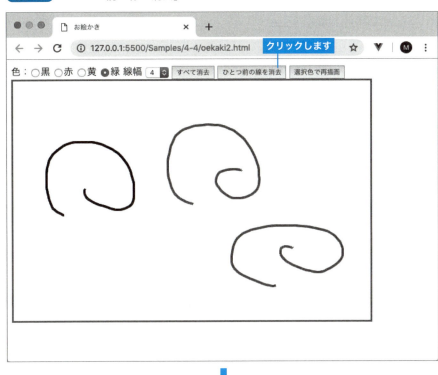

とりあえずこれで完成だけど、余裕があれば色々な機能を追加したり、プログラムをより良いものに改良して行くといいよ。

私は、描いた図形をローカルストレージに保存できるようにしてみよう。

よく見ると、undo()メソッドとredraw()メソッドの処理は共通している部分が多いね。僕はこれを関数にまとめてみよう!

Chapter 5

フィルタ、アニメーション、コンポーネントを使う

このChapterでは、Vue.jsに用意されている便利な機能として、フィルタ機能、アニメーション機能、およびコンポーネントの利用方法について説明します。そのあとで、コンポーネントを使用したスライドショーアプリを作成してみましょう。

Lesson 5-1 値を手軽に加工しよう
フィルタ機能を利用する

ここでは、受け取ったデータになんらかの処理を行い結果を戻す「フィルタ機能」について説明しましょう。文字列や数値をちょっと加工したいといった場合に便利です。

フィルタの記号には「|」を使用していますが、これはLinux、Mac、Windowsのコマンドラインでも使いますね。

そうだね。これはUNIX系OSのシェルで使う「パイプ」という機能の流れをくむものだね。「|」は水道管のパイプのように、値を次の処理に送るといったイメージだ。

5-1-1 フィルタの基本的な取り扱い

「フィルタ」は日本語にすれば「濾過器」です。**フィルタ機能**は、渡された値になんらかの処理を行って結果を戻します。次のような書式で使用します。

```
値 | フィルタ
```

フィルタは、マスタッシュ構文およびv-bindディレクティブで使用できます。

● フィルタをマスタッシュ構文で使用する場合

```
{{ 対象となる値 | フィルタ }}
```

●フィルタをv-bindディレクティブで使用する場合

```
<div v-bind:属性="対象となる値 | フィルタ"></div>
```

フィルタを定義する

Vue.jsではフィルタの実体は関数です。Vueオブジェクトのコンストラクタで**filters**オブジェクトの関数として定義します。フィルタに渡す値は関数の第一引数となります。

```
var app = new Vue({

    ～略～

    filters: {
        フィルタ名: function(引数){
            フィルタの中身を定義する（値は引数として渡される）
        }
    }
});
```

5-1-2 フィルタを使ってみよう

文章での説明だけではイメージしづらいかもしれませんので、実際にシンプルな例を見てみましょう。Dateオブジェクトを受け取り、日本語の曜日を戻す**jaDayフィルタ**の作成例を示します。

図5-1-1　曜日を返すフィルタ

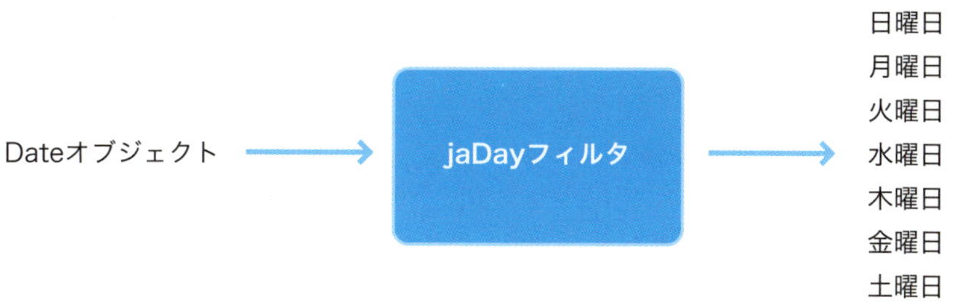

Dateオブジェクト → jaDayフィルタ → 日曜日 / 月曜日 / 火曜日 / 水曜日 / 木曜日 / 金曜日 / 土曜日

●jaDay1.html（一部）

```
<div id="app">
    <p>今日は{{ date | jaDay }} </p> ❶
</div>
```

❶のマスタッシュ構文でdateプロパティをjaDayフィルタに渡しています。

```
date | jaDay
```
Dateオブジェクト　jaDayフィルタ

次に、Vueインスタンスのコンストラクタで定義した **jaDay** フィルタを示します。

●jaDay1.js

```
 1  var app = new Vue({
 2      el: '#app',
 3      data: {
 4          date: new Date()  ❶
 5      },
 6      filters: {
 7          jaDay: function(date) {
 8              var days = ['日','月','火','水','木','金','土'];
 9              theDay = days[date.getDay()];  ❸
10              return theDay + '曜日';
11          }
12      }
13  });
```
❷

❶で date プロパティを定義して、「new Date()」で現在の日付時刻のDateオブジェクトに初期化しています。

❷が jaDay フィルタの定義です。引数として渡されたDateオブジェクト「date」から、日本語の曜日を求めてreturn文で「〜曜日」として戻しています。

図5-1-2 今日の曜日を日本語で表示

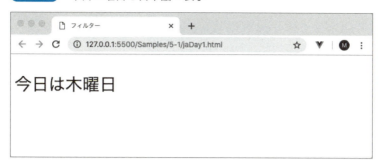

❸のgetDay()メソッドは、日曜日を0、月曜日を1、…といった整数値で曜日を戻すのよね。

そうだね。それを曜日を要素とする配列daysの添字とすることで、曜日を戻しているわけだ。

5-1-3 複数のフィルタを組み合わせる

複数のフィルタを「|」で連結して、処理を行うことができます。

値 | フィルタ1 | フィルタ2

ここでは、前述のjaDay1.jsに、新たにDateオブジェクトを受け取り来年のDateオブジェクトを戻すnextYearフィルタの定義を追加してみましょう。nextYearフィルタとjaDayフィルタと接続して、来年の今日の曜日を表示します。

図5-1-3　来年の今日の曜日を表示

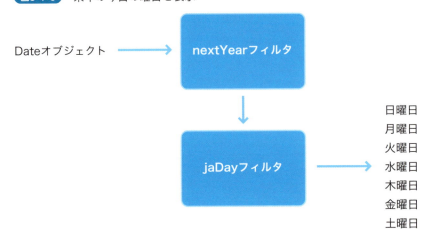

●jaDay2.html（一部）

```
<div id="app">
    <p>今日は{{ date | jaDay }}</p> ❶
    <p>来年の今日は{{ date | nextYear | jaDay }}</p>
</div>
```

❶で **date** プロパティをまず **nextYear** フィルタで処理して、その結果をさらに **jaDay** フィルタに渡しています。

●jaDay2.js（一部）

```
var app = new Vue({
    el: '#app',
    data: {
        date: new Date()
    },
    filters: {

        〜略〜

        nextYear: function(date) {      ❶
            nextYearDay = new Date(     ❷
```

次ページへ

```
                date.getFullYear() + 1,
                date.getMonth(),
                date.getDay()
            );
            return nextYearDay; ❸
        }
    }
});
```

❶がnextYearフィルタの定義です。❷でnew演算子で来年の今日の日付に設定したDateオブジェクトを生成して、❸のreturn文で戻しています。

図5-1-4 来年の今日の曜日を表示

この例では、❷で新たに来年の今日のDateオブジェクトを生成しているけど、次のように引数dateをsetFullYear()メソッドを使って来年の今日に設定するのではダメなの？

```
nextYear: function(date) {
    date.setFullYear(date.getFullYear()
+ 1)
    return date
}
```

それだと、dateプロパティの値が変わってしまってしまうからね。変更したことを忘れて他でdateプロパティを使うと、意図しない動作になるかもしれないね。
フィルタは元のデータはそのままで、それを加工した値を戻すという使い方が望ましいよ。

5-1-4 グローバルにフィルタを定義する

ここまでの例では、Vueオブジェクトの**filters**オプションでフィルタを定義していました。Vueクラスの**filter()**メソッドを使用することで、Vueオブジェクトの外部で定義することもできます。これをフィルタの**グローバル定義**と呼びます。

```
Vue.filter('フィルタ名', function(引数) {
    処理
})
```

たとえば、jaDay2.jsのjaDayフィルタをグローバルに定義するには次のようにします。

●global1.js

```
1  Vue.filter('jaDay', function(date) {
2      var days = ['日','月','火','水','木','金','土'];
3      theDay = days[date.getDay()];
4      return theDay + '曜日';
5  })
```

フィルタの代わりに、メソッドや算出プロパティを使っても、同じことができるわよね。

そうだね。ただ、フィルタを使った方が直感的な記述ができる場合があるね。
それと、Vueインスタンスの外部、つまりグローバルにフィルタを定義することによって任意のコンポーネントから利用できるんだ。

フィルタとして定義した関数の内部では、Vueインスタンスのプロパティを参照することはできないのですか？

直接的にはできないと考えた方がいいね。別の値を渡したい場合には、次に説明する引数を使用するんだ。

5-1-5　フィルタに引数を渡す

フィルタは内部的には関数なので、**引数**を渡すことができます。

> 値 | フィルタ (引数1 , 引数2 , ...)

フィルタの引数の使用例として、与えられた数値を3桁区切りにして、最後に引数で指定した文字列を付加する **addComma** フィルタの作成例を示しましょう。例えばaddCommaフィルの引数に'円'を指定すると「101354」という数値を、「101,354円」という文字列にして戻します。

図5-1-5　addCommaフィルタの使用例

次に、テキストフィールドに数値を入力して、**addComma**フィルタで処理して表示する例を示します。

図5-1-6 数値を入力するとフィルタで処理して表示

●filterArg1.html（一部）

```
1  <div id="app">
2      <label for="num">数値：</label>
3      <input name="num" type="number" v-model.number="num" />  ❶
4      <p>{{ num | addComma('円') }}</p>  ❷
5  </div>
```

❶で「**.number**」修飾子を使用して、テキストボックスの値を数値にして**num**プロパティとバインドしています。❷で**num**に対して、引数を'**円**'にして**addComma**フィルタを適用しています。

次に、**addComma**フィルタをグローバルに定義した例を示します。

●filterArg1.js

```
Vue.filter('addComma', function(num, end) {
    if (end) {
        return num.toLocaleString() + end;  ❷
    } else {
        return num.toLocaleString();
    }
```

次ページへ

```
    });
var app = new Vue({
    el: '#app',
    data: {
        num: 10000,
    },
});
```

❶でフィルタの関数を定義しています。最初の引数にはフィルタの前に記述した値が、2番目以降にはフィルタの引数で指定した値が渡されます。

なるほど。❷のように数値に対してtoLocaleString()メソッドを使うと、カンマ区切りの文字列になるのね！

そうだね。ただし小数点以下3桁で丸め込まれるけどね。

```
num = 100000.5455
num.toLocaleString()    // 100,000.546
```

Lesson 5-1　フィルタ機能を利用する

Lesson 5-2 アニメーション機能を活用する

クラスを設定するだけで簡単アニメーション

ここでは、Vue.jsに用意されたHTML要素のアニメーション機能について説明しましょう。CSS3のトランジションやキーフレームアニメーションを手軽に利用できます。

最近のWebではアニメーションを使用したダイナミックなUIも人気ですね！

やはり動きがあると見た目がいいわね！

5-2-1 CSSトランジションとキーフレームアニメーションについて

　Vue.jsの**アニメーション機能**とは、CSS3の**トランジション**と**キーフレームアニメーション**を利用して、さまざまなアニメーションを簡単に行える機能です。
　まず、CSSのトランジションとキーフレームアニメーションについて簡単に復習しておきましょう。

トランジション

　トランジション(**transition**)とは、指定した時間でCSSのプロパティを徐々に変化させる機能です。
　ボックスの上にカーソルを移動すると、1秒かけて拡大、回転しながら右に移動するようにした例を次に示します。

図5-2-1　トランジション

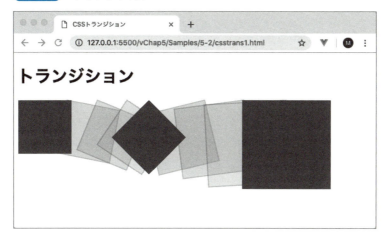

●csstrans1.html（一部）

```
1       <style>
2           .box {
3               width: 100px;
4               height: 100px;
5               background: #000000;
6               transition: all 1s;
7           }
8           .box:hover {
9               width: 200px;
10              height: 200px;
11              transform: translateX(300px) rotate(180deg);
12          }
13      </style>
14  </head>
15
16  <body>
17      <h1>トランジション</h1>
18      <div class="box"></div>
19  </body>
20 </html>
```

Lesson 5-2　アニメーション機能を活用する

217

❶でboxクラスを定義しています。❷のtransitionがトランジションの設定です。

```
transition: all 1s;
```

ここでは、クラスが切り替わるタイミングで、全てのプロパティ（all）を、1秒間（1s）かけて変化させるように設定しています。

❸で、hover擬似クラスを定義しています。これで、マウスカーソルがボックスの上に来ると、変更されたスタイルがtransitionで指定した時間で変化します。❹で幅（width）と高さ（height）を200ピクセルに設定して、transformプロパティで移動距離と回転角度を設定しています。

transform: translateX(300px)　rotate(180deg);

左に300ピクセル移動する　　右に180度回転する

transitionでは、どのプロパティに対してアニメーションを行うや、変化カーブの設定などさまざまな設定ができるわよ。

そうなんだ。

例えばtransformプロパティに関して、変化時間を4秒で、最初はゆっくり、次第に早く変化させるには次のように設定すればいいの。

```
transition: transform 1s ease-in;
```

キーフレームアニメーション

キーフレームアニメーションは、より細かな指定が可能なアニメーションです。全体の時間のパーセンテージで設定したキーフレームを用意して、スタイルを段階的に適用します。

キーフレームは**@keyframes**キーワードで指定します。全体時間の50％、100％の時点

のキーフレームを設定するには次のようにします。

```
@keyframes アニメーション名 {
    50% {
        プロパティの設定
    }
    100% {
        プロパティの設定
    }
}
```

キーフレームアニメーションを実行する

次の例は、50%の時間で、ボックスの色を黄色に変化させながら、右に200ピクセル移動します。さらに60度回転しながら右に200ピクセル移動し色を緑に変化させます。

図5-2-2　キーフレームアニメーション

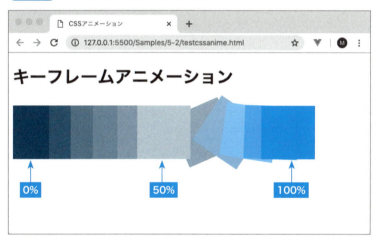

●cssanime1.html（一部）

```
1    <style>
2        .box {
3            width: 100px;
4            height: 100px;
5            background: red;
6            animation: myAnime 4s;   ❶
```

```
 7              }
 8              @keyframes myAnime {
 9                  50% {
10                      transform: translateX(200px);
11                      background: yellow;
12                  }
13                  100% {
14                      transform: translateX(400px) rotate(180deg);
15                      background: green;
16                  }
17              }
18          </style>
19      </head>
20      <body>
21          <h1> キーフレームアニメーション </h1>
22          <div class="box"></div>
23      </body>
```

❶の animation プロパティで myAnime キーフレームアニメーションを4秒かけで実行するようにしています。❷が myAnime キーフレームアニメーションの設定です。50%と100%の状態を設定しています。

5-2-2　Vue.jsのトランジションクラスについて

　Vue.jsでは、トランジションやキーフレームアニメーションを行う上で便利なように、トランジションの状態に応じて自動でクラスを割りつける機能が用意されています。それらの(6つの) **トランジションクラス** は、要素が表示される時の状態を管理する **Enter フェーズ**、要素が非表示になる時の状態を管理する **Leave フェーズ** というグループに分かれます。

表5-2-1　トランジションクラス

Enterフェーズ

v-enter	Enterフェーズの開始状態。要素が挿入される前に適用され。要素が挿入され1フレーム後に削除される
v-enter-active	Enterフェーズのアクティブ状態。要素が挿入前に追加され、アニメーション完了後に削除される
v-enter-to	Enterフェーズの終了状態。v-enterクラスが削除されると同時に付与され、アニメーション完了時に削除される

Leaveフェーズ

v-leave	Leaveフェーズの開始状態。アニメーション開始直前に付与され、1フレーム後に削除される
v-leave-active	Leaveフェーズのアクティブ状態。アニメーション完了後に削除される
v-leave-to	Leaveフェーズの終了状態。v-leaveクラスが削除されると同時に付与され、アニメーションが完了すると削除される

EnterフェーズとLeaveフェーズのクラスが適用される流れ

これらのクラスでプロパティを制御することで、表示／非表示のアニメーションを行えます。例えば、不透明度を管理する**opacity**プロパティを考えてみましょう。opacityプロパティは、1で完全に不透明、0で完全に透明になります、**Enterフェーズ**で不透明度を0から1に変化してフェードイン、**Leaveフェーズ**で不透明度を1から0に変化させてフェードアウトする場合の各クラスの流れは次のようになります。

図5-2-3　opacityプロパティ

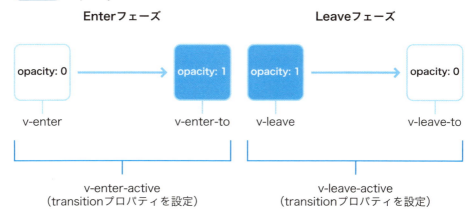

なお、**transition**プロパティや**animation**プロパティの設定は、通常、**v-enter-active**クラスと**v-leave-active**クラスで行います。

5-2-3 <transition>タグでアニメーションを指定

HTMLテンプレート側では、実際にトランジションやキーフレームアニメーションを行う要素は、Vue.jsに用意されている**transitionコンポーネント**を使用します。アニメーションを行いたい要素を**<transition>タグ**で囲みます。

```
<transition>
    ここにトランジションを行う要素を記述
</transition>
```

div要素の表示/非表示の切り替えにトランジションを設定する

「menu」ボタンをクリックするごとに、レストランのメニューを記述したdiv要素の表示/非表示を切り替える例を次に示します。この時、**opacity**プロパティを変化させることによりメニューがフェードイン／フェードアウトするようにしています。また、**transform**プロパティにより右からスライドインして、右へスライドアウトするようにしています。

図5-2-4 Enterフェーズ

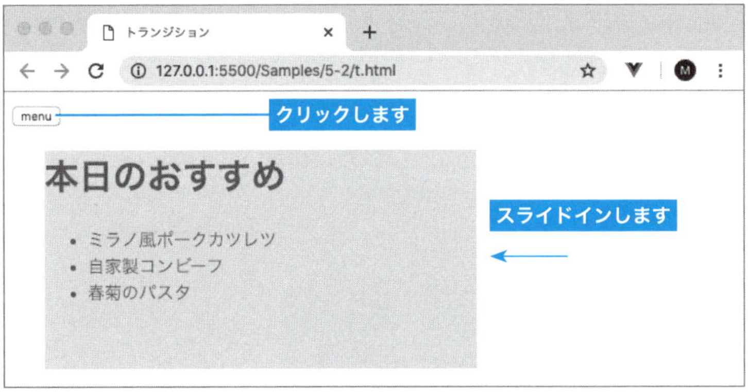

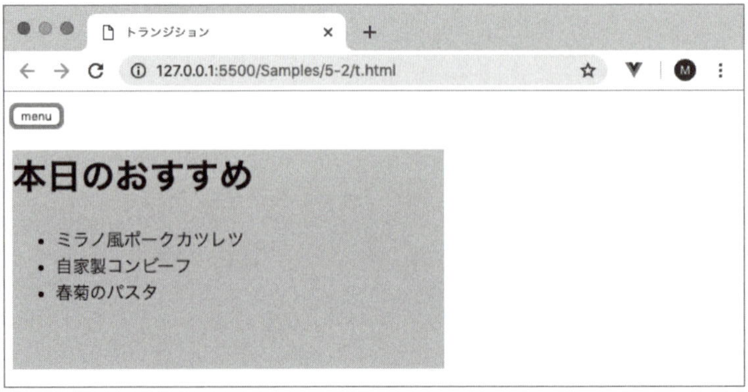

図5-2-5 Leaveフェーズ

●trans1.html（スタイル設定部分）

```
<style>
    .box {
        width: 400px;
        height: 200px;
        background: #e4e0ad;
    }

    .v-enter {
        transform: translateX(50px);
        opacity: 0;
    }
    .v-enter-active {
```

❶

❷

次ページへ

```
        transition: all 1s;     ❷
    }
    .v-enter-to {
        opacity: 1;              ❸
    }
    .v-leave {
        opacity: 1;              ❹
    }
    .v-leave-active {
        transition: all 1s;      ❺
    }
    .v-leave-to {
        transform: translateX(50px);
        opacity: 0;              ❻
    }
</style>
```

　Enterフェーズでは、初期値として❶のv-enterクラスで「transform: translateX(50px)」により右に50ピクセルに移動して、「opacity: 0」で不透明の状態からフェードインするように設定しています。

```
    .v-enter {
        transform: translateX(50px);    ──── 右に50ピクセル移動
        opacity: 0;                     ──── 不透明度を0
    }
```

　❷のv-enter-activeクラスでは、「transition: all 1s」で1秒でフェードインするように設定しています。

```
    .v-enter-active {
        transition: all 1s;             ──── 変化時間を1秒に設定
    }
```

　Enterフェーズの終わりの❸のv-enter-toクラスでは「opacity: 1」で完全に不透明に設定しています。

```
.v-enter-to {
    opacity: 1;                    ──── 不透明度を1
}
```

同様に❹❺❻の **Leave** フェーズでは、逆に不透明の状態から右に50ピクセル移動しながらフェードアウトするように設定します。

HTMLテンプレート側ではdiv要素を **<transition>** タグで囲んでいます。

●trans1.html（HTMLテンプレート部分）

```
<div id="app">
    <button v-on:click="show = !show">menu</button>  ❶
    <transition>
        <div v-if="show" class="box">  ❷
          <h1> 本日のおすすめ </h1>
          <ul>
           <li v-for="food in menu">{{ food }}</li>
          </ul>
        </div>
    </transition>
</div>
```

❷の **v-if** ディレクティブにより、**show** プロパティが true の場合に要素を表示するようにしています。これで❶のボタンをクリックして **show** プロパティが true になるとアニメーションが開始します。

●trans1.js

```
1  var app = new Vue({
2      el: '#app',
3      data: {
4          show: false,  ❶
5          menu: ['ミラノ風ポークカツレツ', '自家製コンビーフ', '春菊のパスタ']
6      }
7  });
```

Vueインスタンス側では❶でshowプロパティを用意してfalseに初期化しています。

例えば、Enterフェーズが終わった時点で、opacityプロパティ0.8に設定したい場合にはどうすればいいかな？

v-enter-toクラスで設定すればいいのでは？

```
.v-enter-to {
    opacity: 0.8;
}
```

それはダメなんだ。
v-enter-toクラスは、Enterフェーズが完了すると削除されるからね。
元のクラスで設定しておく必要があるんだ。

トランジションクラスを省略する

なお、**opacity**が1（完全に不透明）はデフォルト値なので省略可能です。また、同じ内容のクラスはカンマで区切って指定できます。

したがってtrans1.htmlのスタイル設定は次のようにしても同じです。

●trans2.html(スタイル設定部分)

```
<style>
    .box {
        width: 400px;
        height: 200px;
        background: #e4e0ad;
    }

    .v-enter-active,
```

```
        .v-leave-active {
            transition: all 1s;
        }

        .v-enter,
        .v-leave-to {
            transform: translateX(50px);
            opacity: 0;
        }
    </style>
```

5-2-4 transition要素に名前を設定する

トランジションやキーフレームアニメーションを複数の要素に個別に設定したい場合は、**transition**タグに**name**属性を設定します。この場合、トランジションクラス名の「**v-**」が「**name属性の値-**」となります。

```
.img-enter {
    ~
}
~
```
クラス名が「v-enter」ではなく「img-enter」になる

```
<transition name="img">
    ~
</transition>
```
transitionタグのname属性に「img」を指定

次に、trans2.htmlを、メニューのフェードイン／フェードアウトに加えて、羊のイメージを左からスライドインして、回転しながらスケールダウンして消えるようにしてみましょう。

メニューのdiv要素には**transition**タグの**name**属性で「**box**」を、イメージには**transition**タグの**name**属性で「**img**」を設定しています。

図5-2-6　イメージとメニューを個別にアニメーション

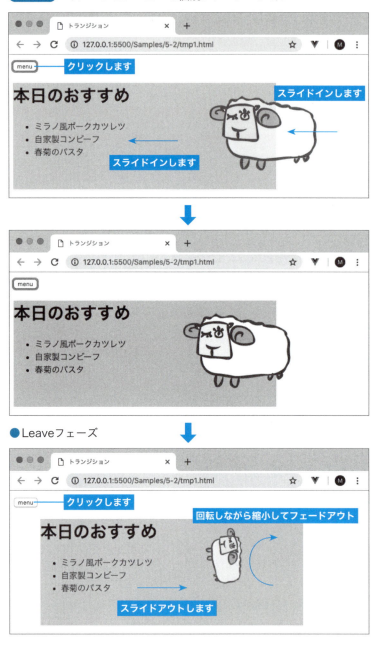

●Leaveフェーズ

● trans3.html（一部）

```css
 1  <style>
 2      .box {
 3          width: 500px;
 4          height: 200px;
 5          background: #e4e0ad;
 6      }
 7  
 8      .img {
 9          position: absolute;
10          left: 300px;
11          top: 10px;
12      }
13      .box-enter-active,
14      .box-leave-active {
15          transition: all 1s;
16      }
17      .box-enter,
18      .box-leave-to {
19          transform: translateX(50px);
20          opacity: 0;
21      }
22      .img-enter-active,
23      .img-leave-active {
24          transition: all 1s;
25      }
26      .img-enter {
27          opacity: 0;
28          left: 500px;
29      }
30      .img-leave-to {
31          opacity: 0;
32          transform: scale(0.1) rotate(360deg);
33      }
```

❶ （lines 13–21）
❷ （lines 22–33）

次ページへ

```
34      </style>
35
36      ～略～
37      <div id="app">
38          <button v-on:click="show = !show">menu</button>
39          <transition name="box">  ❸
40              <div v-if="show" class="box">
41                  <h1> 本日のおすすめ </h1>
42                  <ul>
43                      <li v-for="food in menu">{{ food }}</li>
44                  </ul>
45              </div>
46          </transition>
47          <transition name="img">  ❹
48              <div v-if="show" class="img">
49                  <img src="figs/sheep.png" width="250" height="208" />
50              </div>
51          </transition>
52      </div>
```

❶でメニューのdiv要素の、❷でイメージのためのトランジションクラスを設定しています。❸❹で<transition>タグでname属性を、それぞれ「box」と「img」に設定しています。

〈transition〉タグでname属性を指定しないと、デフォルトのクラス名として「v-〜」が使用されるというわけですね。

なるほど！

5-2-5 キーフレームアニメーションを行うには

　Vue.jsのトランジションクラスを使用すると、トランジションと同様に**キーフレームアニメーション**を行うことができます。イメージが表示される時にキーフレームアニメーションを設定する例を、次に示します。Enterフェーズでは50%まではスケールアップしながらフェードインして、その後は360度回転するように設定します。

図5-2-7　キーフレームアニメーションの例

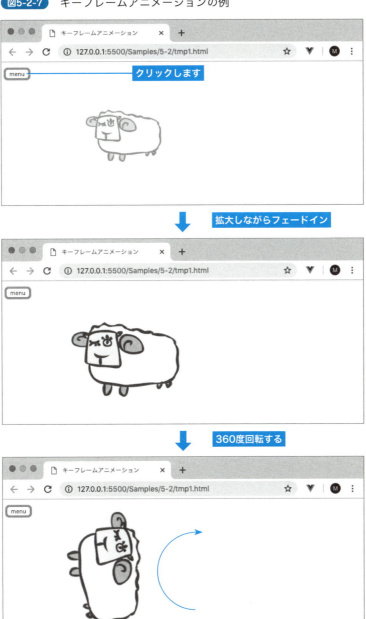

Leaveフェーズでイメージが消える際には、opacity（不透明度）を0に変化させてフェードアウトするトランジションのみを設定しています。

●anime1.html（一部）

```
1   <style>
2       .img {
3           position: absolute;
4           left: 100px;
5           top: 10px;
6       }
7       .v-enter-active {
8           animation: myAnime 2s;   ❶
9       }
10      .v-leave-active {
11          transition: opacity 1s;
12      }
13      .v-enter {
14          opacity: 0;
15      }
16      .v-leave {
17          opacity: 1;
18      }
19      .v-leave-to {
20          opacity: 0;
21      }
22      @keyframes myAnime {
23          0% {
24              transform: rotate(0deg) scale(0);
25          }
26          50% {
27              transform: rotate(0deg) scale(1);
28          }
29          100% {
30              transform: rotate(360deg) scale(1);
```

❷

次ページへ

```
31                  }
32              }
33      </style>
34  〜略〜
35  <body>
36      <div id="app">
37          <button v-on:click="show = !show">menu</button>
38          <transition>
39              <div v-if="show" class="img">
40                  <img src="figs/sheep.png" width="250" height="208" />
41              </div>
42          </transition>
43      </div>
```

v-enter-active クラスでは、❶で animation プロパティにより myAnime キーフレームアニメーションを2秒で実行するようにしています。

```
animation: myAnime 2s;
```

❷で @keyframes キーワードで myAnime を定義しています。

トランジションクラスを使用すると簡単にアニメーションが実現できるわね。

プロパティをいろいろ変更して効果を確認してみよう！

5-2-6 リストのアニメーション

v-forディレクティブで描画したリストアイテムの削除や挿入のアニメーションを行いたい場合には、**<transition-group>**タグによる**transition-group**コンポーネントを使用します。この時、<transition-group>タグの**tag**属性では、置き換える要素名を指定します。例えばul要素によるリストの要素の表示／非表示アニメーションを行いたい場合には、次のようにします。

```
<ul>
    <li v-for="～">～</li>
</ul>
```

↓

```
<transition-group tag="ul">
    <li v-for="～" v-bind:key="～"> ～ </li>
</transition>
```

この場合の注意点は、内部の要素（リストの例ではli要素）は**key**属性が必須であることです。

todoリストにアニメーションを設定する

transition-groupコンポーネントを使用して、todoリスト（Lesson 4-3、p.174）の項目の追加／削除にスライドイン、フェードアウトのアニメーションを行うようにしてましょう。

図5-2-8 todo項目の追加／削除をフェードイン、フェードアウトで行う

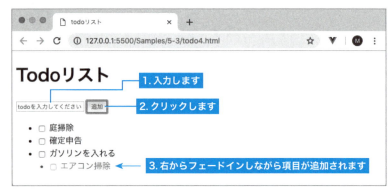

変更するのはHTMLファイルだけで、プログラムを変更する必要はありません。

●todo4.html（スタイルシート追加部分）

```
.v-enter-active,
.v-leave-active {
    position: absolute;  ❷
    transition: all 1s;
}
.v-enter,
.v-leave-to {
    transform: translateX(50px);
    opacity: 0;
}
```
❶

```
.v-move {
    transition: transform 1s;  ❸
}
```

❶でEnterフェーズ、Leaveフェーズの設定を行なっています。❷ではpositionプロパティをabsoluteにして絶対位置指定にしています。

❸が新たに登場したv-moveクラスです。これは要素の位置が変更される時に自動的に追加されるクラスです。transitionプロパティで変化時間を調整しています。

positionプロパティをabsoluteにしないとどうなるのですか？

あとで実行してみるとわかるけど、項目を削除した時に動きが不自然なものになるんだ。

●todo4.html（todo項目の表示部分）

```
<transition-group tag="ul">  ❶
```

```
<li
    v-for="todo, index in todolist"
    v-bind:key="todo.text" ❷
    v-bind:class="{done: todo.done}"
    @mouseover="todo.hover=true"
    @mouseout="todo.hover=false"
>
    <input type="checkbox" v-model="todo.done" />
    <span>{{ todo.text }}</span>
    <button
        class="delbtn"
        @click="remove(index)"
        v-show="todo.done && todo.hover"
    >x
    </button>
</li>
</transition-group>
```

リストの表示部分では、❶で`<ul>`タグを`<transition-group>`タグに変更して**tag**属性で「**ul**」を指定しています。**key**属性が必要ですので、❷でv-bindディレクティブによりkey属性を「**todo.txt**」、つまりtodo項目の文字列に設定しています。

ここではtodo項目をキーに設定しているけど、重複があった場合にはどうなるの？

「キーが重複している」という警告が出るよ。本来ならtodo項目を入力した時に、重複がないか調べて、重複していない場合のみ追加するようにしなければならないね。

よし、あとで挑戦してみよう！

Lesson 5-3　カスタムコンポーネントを活用する

Vueアプリケーションのパーツを作成しよう

Vue.jsでは、Vueアプリケーションの個々のパーツをコンポーネントとして用意して、それらを組み合わせて全体のアプリケーションを構築することができます。作成したコンポーネントは通常のHTML要素のように扱うことができます。

コンポーネント...なんだか難しそう。

そんなことないよ。
HTMLテンプレートとデータやメソッドなどのプログラム部分をまとめて、名前で呼び出せるようにしたもの、と考えればいいんだ。

5-3-1　コンポーネントの基礎

登録済みの**コンポーネント**は、HTMLテンプレート内では**<コンポーネント名>**タグで呼び出すことができます。例えば**my-comp**コンポーネントは、テンプレート内で次のように記述できます。

```
<my-comp>私のコンポーネント</my-comp>
```

コンポーネントの登録方法には、Vueインスタンスの外部で定義して任意のVueインスタンスから使用可能な「**グローバル登録**」と、特定のVueインスタンス内で定義してそのインスタンスに属する「**ローカル登録**」の2種類があります。

5-3-2 グローバル登録で簡単なコンポーネントを作成する

まずは、グローバル登録から説明しましょう。グローバル登録は、次のようにVueクラスの**component()**メソッドを使用します。

```
Vue.component('コンポーネント名', {
    オプションをオブジェクト形式で指定
})
```

ルートVueインスタンスのコンストラクタと同様に、オプションは「**オプション名: 値**」のオブジェクト形式で指定します。

オプションとして、少なくとも**HTMLテンプレート**の設定が必要です。コンポーネントの場合、テンプレートは**template**オプションで定義します。

次に、h1要素で「こんにちは」と表示するだけのシンプルなVueコンポーネントの定義例を示します。

●globalComp1.js

```
Vue.component('my-comp', {        ❶
    template: '<h1>こんにちは</h1>'  ❷
});

var app =new Vue({
    el: '#app'
});
```

❶で**my-comp**コンポーネントを定義しています。❷で**template**オプションで、コンポーネントのHTMLテンプレートを記述しています。

コンポーネント名は「my-comp」のようにケバブケース（全ての小文字の単語をハイフン「-」で接続）にする必要があるのですか？

「myComp」のようにキャメルケースも可能だよ。ただしHTMLテンプレート内で参照する場合には〈my-comp〉〈/my-comp〉のようにケバブケースにする必要があるけどね。

コンポーネントを使う場合にも、❷でVueインスタンスを生成しておく必要があるの？

そうだね。ルートVueインスタンスがないとVueのシステムが起動しないからね。

登録した **my-comp** コンポーネントを、ルートVueインスタンス側のHTMLテンプレートで使用する例を示します。

●globalComp1.html（一部）

```
<div id="app">
    <my-comp></my-comp>
</div>
```

図5-3-1　実行結果

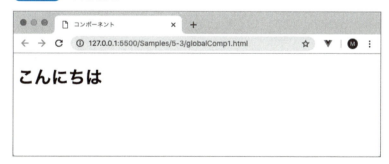

my-compコンポーネントは、idが'app'の要素の内部で使用しなければダメなのよね？

そう、Vueインスタンスのコンストラクタのelオプションで"#app"を指定しているから、my-compコンポーネントはその要素の配下である必要があるんだ。

5-3-3　ローカル登録でコンポーネントを作成する

ローカル登録でコンポーネントを定義するには、Vueインスタンスのコンストラクタで**components**オプションを使用して定義します。

```
new Vue( {
    ～
    components: {}
        'コンポーネント名1': {
            オプションをオブジェクト形式で指定
        },
        'コンポーネント名2': {
            オプションをオブジェクト形式で指定
        }
    }
})
```

次に、globalComp1.jsを変更して、**my-comp**コンポーネントをローカル登録に設定した例を示します。

●localComp1.js

```js
var app = new Vue({
    el: '#app',
    components: {
        'my-comp': {
            template: '<h1>こんにちは</h1>'
        }
    }
});
```

ローカル登録の場合コンポーネントのコードが大きいと、Vueインスタンスのコンストラクタの見通しが悪くなりそうですね。

そうだね。その場合、あらかじめコンポーネントをオブジェクトとして変数に代入しておくといいよ。componentsオプションではそれを値として設定すればよい。

コンポーネントを定義するオブジェクトを変数myCompに代入

```js
var myComp = {
    template: '<h1>こんにちは</h1>'
}

var app = new Vue({
    el: '#app',
    components: {
        'my-comp': myComp
    }
});
```

変数myCompを値として設定

なお、JavaScriptの変数にはケバブケースは使えないので、コンポーネントのオブジェクトを代入する変数名は「myComp」のようにキャメルケースにする点に注意してほしい。

5-3-4 コンポーネントのデータは関数で戻す

コンポーネントでも、データオブジェクト（**data**）やメソッド（**methods**）、算出プロパティ（**computed**）といった機能はもちろんで利用できます。ただし、データオブジェクトとして定義するプロパティは、関数の戻り値でオブジェクトとして戻す必要があります。

```
data: function() {
    return {
        プロパティ1: 値1,
        プロパティ2: 値2,
        〜
    };
},
```

ボタンをクリックするたびに1つずつカウントダウンするカウンターを、**counter** コンポーネントとして定義した例を次に示します。

図5-3-2　カウントダウンするカウンタ

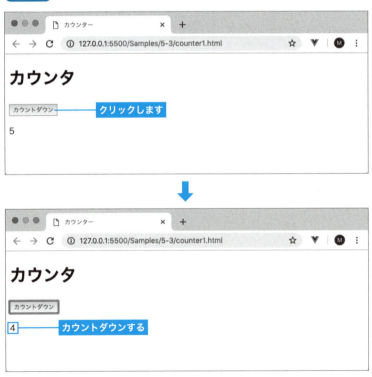

●リスト:counter1.js

```
var counter = {
    template:
        '<div><h1> カウンタ </h1>' +
        '<button @click="cdown"> カウントダウン </button>' + ❶
        '<p>{{ count }}</p>' + ❷
        '</div>',
    data: function() {
        return {
            count: 5          ❸
        };
    },
    methods: {
        cdown: function() {
            --this.count;     ❹
        }
    }
};

var app = new Vue({
    el: '#app',
    components: {
        counter: counter
    }
});
```

　❶で **template** オプションで、div 要素の内部で h1 要素とボタンを記述しています。ボタンではクリックイベントで **cdown()** メソッド呼び出すようにしています。❷ではマスタッシュ構文で **count** プロパティの値を表示しています。

　❸の **data** オプションでは、**count** プロパティを関数の戻り値のオブジェクトのプロパティとして定義している点に注目してください。

```
data: function() {
    return {
```

```
        count: 5                                    ──── プロパティをオブジェクトとして戻す
    };
},
```

これを、ルートVueインスタンスのdataオプションのように次のように記述するエラーになります。

```
data: {
    count: 5                                        ──── エラーになる
}
```

❹で cdown() メソッドを定義して、count プロパティの値をカウントダウンしています。HTMLファイルでは次のように counter コンポーネントを参照しています。

●counter1.html（一部）

```
<div id="app">
    <counter></counter>
</div>
```

counterコンポーネントのtemplateオプションでは、div要素の配下にボタンとp要素を配置してますが、外側のdiv要素は必要？

必要だね。コンポーネントでは、必ず起点となる要素の配下に、他の要素を配置しておく必要があるんだ。

なんでコンポーネントのプロパティは関数で戻すんだろう？

同じコンポーネントが複数使用される場合、それぞれ別の値を保持するためなんだね。

ES2015のテンプレートリテラルでスマートに記述する

　コンポーネントの **template** オプションで定義するテンプレートは文字列であるため、複数行のテンプレートを記述する場合には+演算子で連結する必要があります。これは面倒ですし、見た目もあまりよくありません。

　ES2015では、文字列をバッククォーテーション（`）で囲むことによって、複数行の文字列リテラルを記述できるようになりました。これを**テンプレートリテラル**と呼びます。counter1.jsのtemplateオプションは、テンプレートリテラルを使用すると次のように記述できます。

●counter2.js（一部）

```
template: `
    <div><h1> カウンタ </h1>
    <button @click="cdown"> カウントダウン </button>
    <p>{{ count }}</p>
    </div>
`
```

なんで「テンプレートリテラル」と呼ぶのかしら？

文字列リテラルの中に${~}の書式で、変数や式を埋め込んで雛形のように使えるからだね。

```
year = 28
str = `平成 ${year} 年は西暦 ${year + 1988}
年`
```
平成28年は西暦2016年

5-3-5 スロットを使用してコンポーネントのコンテンツを取り出す

通常のHTML要素では次のようにコンテンツを設定できます。

```
<h1>こんにちは</h1>
```

コンポーネントも同様にコンテンツを設定できます。この時、コンポーネントのコンテンツを、テンプレートに埋め込むには**スロット**を使用します。コンポーネントのテンプレート内の **slot** 要素で指定した部分が、コンポーネントを呼び出し時に指定したコンテンツに置き換わります。

次の例を見てみましょう。

● slot1.html（一部）

```
<div id="app">
    <my-comp> 田中一郎 </my-comp>
</div>
```

上記の例は **my-comp** コンポーネントのコンテンツに「田中一郎」を指定しています。これをスロットを使用してコンポーネントのテンプレートに埋め込むには次のようにします。

●slot1.js

```
var app = new Vue({
    el: '#app',
    components: {
        'my-comp': {
            template: '<h1>私の名前は<slot>名前</slot>です</h1>' ①
        }
    }
});
```

①のコンポーネントのテンプレートの「<slot>名前</slot>」が、「田中一郎」に置き換わります。

図5-3-3　実行結果

templateでは「<slot>名前</slot>」を指定しているけど「名前」の部分の文字列には規則はあるの？

<slot>と</slot>の間に記述する文字列は、置き換える文字列の説明のようなもので、なんでもいいんだ。何もなくても構わないよ。

5-3-6 属性値をコンポーネントにプロパティとして渡す

前述のスロットではコンテンツを、コンポーネントのテンプレート内に埋め込むことはできますが、値をコンポーネントの内部のメソッドや算出プロパティで利用することはできません。

コンポーネントに値を渡してそれを処理したい場合には、値をHTMLのカスタム属性値として記述します。コンポーネントの内部では**props**オプションを使用して属性値をプロパティとして取り出します。

この時、コンポーネント側ではpropsオプションを使用して、プロパティを次の形式の文字列配列として定義します。

```
['プロパティ名1', 'プロパティ名1, ....]
```

データオブジェクトのプロパティは**data**オプションで設定しましたが、属性名経由のプロパティは**props**オプションで設定する点に注意してください。

book-comp コンポーネントに、book-name 属性の値をプロパティとして渡すには次のようにします。

●prop1.html（一部）

```html
<div id="app">
    <book-comp book-name="Vue.js 入門 "></book-comp>
</div>
```

次に、JavaScriptファイルを示します。

●prop1.js

```js
var bookComp = {
    props: ['bookName'],     ❶
    template: '<p>{{ bookName }}</p>'   ❷
}

var app = new Vue({
    el: '#app',
```

次ページへ

```
    components: {
        'book-comp': bookComp
    }
});
```

❶でbookNameをプロパティとして宣言しています。❷でマスタッシュ構文でそれを表示しています。

図5-3-4 実行画面

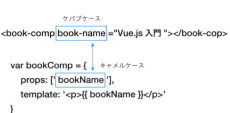

HTMLの属性名が複数単語で構成される場合、「book-name」のようにケバブケースで記述するけど、プロパティ名の方は「bookName」のようにキャメルケースで記述するんだ。

紛らわしいわね。

JavaScriptは、名前にハイフン（-）が使えないからね。ケバブケースを、変数名やプロパティ名にすることはできないんだ。

5-3-7 属性値に数値やJavaScriptの式を記述するには

HTMLテンプレートで、「**<コンポーネント名　属性名="値">～</コンポーネント名>**」のように指定した場合、値はあくまで文字列として渡されます。

これを数値として渡すには、**v-bind**ディレクティブを使用して「**v-bind:属性名="値"**」とする必要があります。

次に、平成年をyearプロパティとして渡して西暦年を表示するfull-yearコンポーネントの例を示します。

●prop2.html（一部）

```
<div id="app">
    <full-year v-bind:year="28"></full-year>   ❶
</div>
```

❶でfull-yearコンポーネントにより、v-bindディレクティブを使用してyearプロパティを「28」に設定しています。

●prop2.js

```
var fullYear = {
    props: ['year'],   ❶
    template: '<p>平成{{ year }}年：西暦{{ year + 1988 }}年</p>'   ❷
}

var app = new Vue({
    el: '#app',
    components: {
        'full-year': fullYear
    }
});
```

❶でpropsオプションでyearプロパティを定義しています。テンプレートでは、❷でyearプロパティの値に1988を足してマスタッシュ構文で表示しています。

図5-3-5 full-yearコンポーネント

prop2.htmlで「v-bind:year="28"」の代わりに「year="28"」のようにすると、どうなるか試してみて。

ほんとだ。年の値が文字列として扱われて、+演算子で連結すると「西暦281988年」のように表示されてしまうわね。

v-bind:属性値にJavaScriptの式を指定する

「**v-bind:属性値**」では、数値以外にもJavaScriptの式を指定可能です。MathやDateといったJavaScriptの組み込みオブジェクトも利用可能です。

次に今日の日付を「**XXXX年X月X日（曜日）**」のような形式で表示する**date-comp**コンポーネントの例を示します。

●prop3.html（一部）

```
<div id="app">
  <date-comp v-bind:date="new Date()"></date-comp> ❶
</div>
```

❶で**date-comp**コンポーネントを使用して、「**v-bind:date="new Date()"**」でdate

プロパティに現在時刻のDateオブジェクトを渡しています。

● prop3.js

```
var dateComp = {
    props: ['date'],        ❶
    template: '<p>{{ jaDate}}</p>',   ❷
    computed: {
                                                              ❸
        jaDate: function() {
            wdays = ['月','火','水','木','金','土','日'];
            return (
                this.date.getFullYear() + '年' +
                (this.date.getMonth() + 1) +'月' +
                this.date.getDay() +'日' +
                ' (' + wdays[this.date.getDay()] + ') '
            );
        }
    }
};

var app = new Vue({
    el: '#app',
    components: {
        'date-comp': dateComp
    }
});
```

コンポーネントの登録では、❶で**props**オプションにより**date**プロパティを定義しています。❸で日付を「**XXXX年X月X日（曜日）**」の形式で戻す**jaDate**算出プロパティを定義して、テンプレートの❷でマスタッシュ構文で表示しています。

図5-3-6　今日の日付を「XXXX年X月X日（曜日）」の形式で表示する

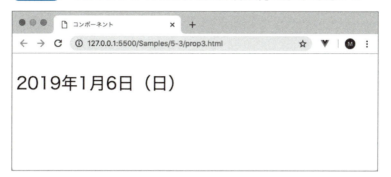

5-3-8　イベントを親のコンポーネントに送るには

　親要素から子要素のコンポーネント値を受け渡すには、HTMLの要素に属性値を設定して、コンポーネント側では**props**オプションによるプロパティとして受け取りました。
　逆に、子要素から親のコンポーネントに値を渡すには、**カスタムイベント**を使用します。それには、子要素側でVue.jsに用意されている **$emit() メソッド** を使用します。

```
$emit('カスタムイベント名')
```

　親のコンポーネントでは、ネイティブのDOMイベントと同じように**v-on**ディレクティブ（省略形は「@イベント」）でイベントを処理できます。
　簡単な例を示しましょう。次の例は **hello-button** コンポーネント内のボタンがクリックされると、「こんにちは」と表示します。

●event1.js

```
1  Vue.component('hello-button', {
2      template: `<button @click="$emit('hello')">押して</button>` ❶
3  });
4
5  var app = new Vue({
6      el: '#app',
7      data: {
8          msg: ''
9      }
10 });
```

　　　　hello-buttonコンポーネントのテンプレートの定義では、❶でボタンがクリックされたら「**$emit('hello')**」を実行します。これで**hello**イベントが親のコンポーネントに送られます。

●リスト:event1.html（一部）

```
<div id="app">
  <hello-button @hello="msg=' こんにちは '"></hello-button> ❶
  <p>{{ msg }}</p> ❷
</div>
```

　　　　HTMLテンプレート側では、❶の**hello-button**コンポーネントを参照している部分で、「**@hello**」により**hello**イベントを受け取り、**msg**プロパティに'こんにちは'を代入しています。❷で**msg**プロパティの値を表示しています。

図5-3-7 helloカスタムイベントを処理する

コンポーネントで、ボタンのクリックなどの
ネイティブイベントを処理することは
できるのですか？

可能だよ。ただし、「@mouseover」や「v-on:
mouseover」のように、ただ単にイベントを指
定しただけはダメで、「.native」修飾子を指
定する必要があるんだ。

`<hello-button @mouseover.native="msg='`
`こんばんは '"></hello-button>`

COLUMN

Vue.js Devtoolsによるカスタムイベントの確認

Vueアプリケーションの開発ツールであるVue.js Devtools（p.52のColumn「Vueアプリケーションのデバッグに便利な『Vue.js Devtools』」）を使用すると、発生したイベントの情報を確認できます。

図5-3-8 発生イベントの情報確認

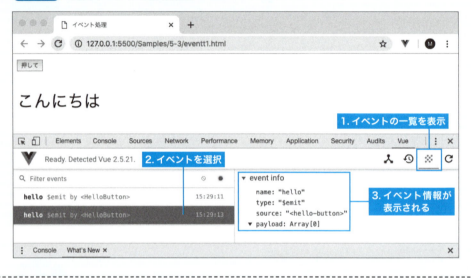

親の親にイベントを送るには

DOMのネイティブイベントと異なり、カスタムイベントは親要素からその親要素といったように自動的に伝搬して行きません。親の親にイベントを伝えるには**$emit()** メソッドをバケツリレー方式で実行していく必要があります。

次の例は、❶でグローバルに登録した**hello-button**コンポーネントを、❸ローカルに登録した**grand-parent**コンポーネントの内部で使用しています。

●リスト:event2.html（一部）

```
<div id="app">
    <grand-parent @hello="msg=' こんにちは '"></grand-parent>
    <p>{{ msg }}</p>
</div>
```

●event2.js

```
1  Vue.component('hello-button', {
2      template: `<button @click="$emit('hello')">押して</button>`  ❷     ❶
3  });
4
5  var app = new Vue({
6      el: '#app',
7      data: {
8          msg: ''
9      },
10     components: {
11         'grand-parent': {
12             template: `<hello-button @hello="$emit('hello')">押して</hello-button>`  ❹   ❸
13         },
14     }
15 });
```

この場合、❷のボタンのhelloカスタムイベントをgrand-parentコンポーネントでキャッチしてmsgプロパティを変更するには、まず❷でボタンで$emit()メソッドを実行してhelloイベントをhello-buttonコンポーネントに送り、❸でhello-buttonコンポーネントで$emit()メソッドを実行してgrand-parentコンポーネントにイベントを伝えていく必要があるわけです。

図5-3-9 $emit()でイベントをバケツリレーで伝える

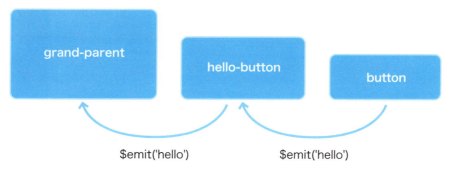

COLUMN

ローカル登録のコンポーネントを入れ子にする場合の注意点

event2.jsではグローバル登録されたhello-buttonコンポーネントをローカル登録されたgrand-parentコンポーネント内で使用していますが、これを次のように、componentsオプションでどちらもローカル登録することはできません。

```
components: {
    hello-button': {
        template: `<button @click="$emit('hello')">押して</button>`
    }
    'grand-parent': {
        template: `<hello-button @hello="$emit('hello')">押して</hello-button>`
    },
}
```

hello-buttonが見つからないというエラーになります。どちらもローカル登録したければ次のように親のコンポーネントの内部でcomponentsオプションで、コンポーネントを定義します。

```
components: {
    'grand-parent': {
        template: `<hello-button @hello="$emit('hello')">押して</hello-button>`,
        components: {
            'hello-button': {
                template: `<button @click="$emit('hello')">押して</button>`
            }
        }
    }
}
```

5-3-9 $emit()メソッドには引数を渡せる

続いて、カスタムイベントを使用して、親のコンポーネントに値を渡す方法について説明しましょう。それには **$emit()** メソッドに引数を渡します。

```
$emit('カスタムイベント名', 引数1, 引数2,...)
```

イベントを受け取る側では、イベントハンドラとしてメソッドを指定します。

```
<コンポーネント名 @カスタムイベント名="メソッド名">〜
</コンポーネント名>
```

カスタムイベントから呼び出されるメソッドでは、渡された引数を順に受け取ります。

```
methods: {
    メソッド名: function(引数1,引数2, ...) {
        〜
    }
}
```

ボタンをクリックすると背景色を変更する

例えば、色名のボタンの **color-button** コンポーネントがあるとします。これをクリックすると親要素の背景色を変更する例を示します。

図5-3-10 「赤色」ボタンをクリック

図5-3-11 「緑色」ボタンをクリック

●eventParm1.html（一部）

```
1  <div id="app">
2    <div class="box" v-bind:style="{backgroundColor: color}"> ❶
3        <color-button bcolor="red" @change-color="changeColor">赤色</color-button>
4        <color-button bcolor="orange" @change-color="changeColor">オレンジ色</color-button>
5        <color-button bcolor="blue" @change-color="changeColor">青色</color-button>
6        <color-button bcolor="green" @change-color="changeColor">緑色</color-button>
7    </div>
8  </div>
```

❶で親要素となるdivエレメントのインラインスタイルを、v-bindディレクティブでバインドしてCSSのbackground-colorをcolorプロパティに設定しています。

❷で4つのcolor-buttonコンポーネントを用意して、bcolor属性で色名をコンポーネントのプロパティに渡しています。change-colorカスタムイベントを使用して、changeColor()メソッドを呼び出すように設定します。

●eventParm1.js

```
1  var app = new Vue({
2      el: '#app',
3      data: {
4          color: 'white'  ❶
5      },
6      methods: {
7          changeColor: function(c) {
8              this.color = c;  ❸
9          }
10     },
```

次ページへ

```
11      components: {
12          'color-button': {
13              props: ['bcolor'],  ❺
14              template: `
15                  <button @click="$emit('change-color', ❹
    bcolor)"><slot></slot></button>  ❻
16              `
17          }
18      }
19  });
```

❶でルートVueインスタンスのプロパティとして**color**を設定しています。❷では**changeColor()**メソッドを定義して、❸で引数として渡された色をcolorプロパティに設定しています。

❹が**color-button**コンポーネントの定義です。❺で**props**オプションでプロパティに**bgcolor**を設定しています。

❻のテンプレートではクリックイベントが発火したら、**$emit()**メソッドで**change-color()**メソッドを**bgcolor**プロパティを引数に呼び出すようにしています。また、スロットを使用して日本語の色名を表示しています。

❻では、カスタムイベント名を「change-color」のようにケバブケースにしているけど、「changeColor」のようにキャメルケースにしてもいいの？

それはダメなんだ。
イベント名はいつもケバブケースだよ。

Lesson 5-4 コンポーネントを活用する
スライドショーを作ろう

ここでは、コンポーネントを活用したVueアプリケーションとして、写真を切り替えて表示するスライドショーアプリを作成してみましょう。スライドの切り替え時にはアニメーション機能によるフェードアウト/フェードインを設定します。

スライドショーはWebの定番ね！

どのようにコンポーネントを連携させるのか興味津々。

5-4-1 どのようなスライドショーを作るのか？

作成するスライドショーでは、カスタムコンポーネントとして photo-display と control-panel の2つを用意しています。photo-display は、写真とその情報を表示するコンポーネントです。control-panel は、写真を前後に移動するボタンおよびスライドショーを、自動で行うボタンを配置しています。なお、写真をクリックすることでも、次の写真に移動できます。

図5-4-1　スライドショーの概要

写真の切り替えはアニメーション機能を使用しています。消えるときは次第に縮小しながら透明度を下げてフェードアウトして、表示するときは透明な状態から回転しながら拡大してフェードインするようにしています。

図5-4-2　写真の切り替え（フェードアウト）

図5-4-3 写真の切り替え（フェードイン）

透明な状態から回転、拡大しながら現れる

なお、表示する写真のイメージファイルはphotosフォルダに用意しています。

図5-4-4 表示写真の格納フォルダ

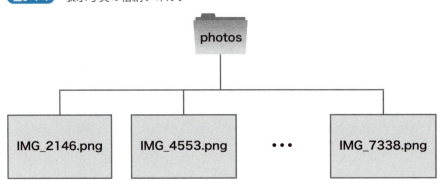

5-4-2 スライドショーの基本部分を作成する

まずは、フェードイン／フェードアウトのアニメーション機能以外の基本部分を作成しましょう。

写真のデータはオブジェクト

　ファイル名やタイトル、撮影日時などのそれぞれの写真のデータはJavaScriptオブジェクトの配列として用意しています。

● slideshow1.js（一部）

```
var photos = [
    {
        id: 0,                          ← ID
        name: 'IMG_5131.png',           ← ファイル名
        date: '2017/4/8',               ← 撮影日時
        place: '沖縄県,竹富町',          ← 撮影場所
        title: '竹富島のホテル'          ← タイトル
    },
    {
        id: 1,
        name: 'IMG_7338.png',
        date: '2018/10/30',
        place: '山梨県,山梨市',
        title: '秋の西沢渓谷'
    },

    〜略〜

}
```

メインのHTMLテンプレートについて

　次にルートVueインスタンスのHTMLテンプレート部分のリストを示します。

● slideshow1.html（一部）

```
<div id="app" class="slideshow">
    <photo-display
        @next-photo="nextPhoto"     ❷  ❶
        v-bind:photo="photo"        ❸
```

Lesson 5-4 スライドショーを作ろう

```
></photo-display>
<control-panel
    class="cpanel"
    @prev-photo="prevPhoto"     ❺
    @next-photo="nextPhoto"     ❻      ❹
    @toggle-auto="toggleAuto"   ❼
></control-panel>
</div>
```

❶がphoto-displayコンポーネントです。❷でイメージ部分をクリックしてnext-photoカスタムイベントが発火したらnextPhoto()メソッドを呼び出しています。❸でv-bindディレクティブによりphotoプロパティをphoto属性にバインドしています。

❹がcontrol-panelコンポーネントです。❺で「前へ」ボタンによるprev-photoカスタムイベント、❻で「次へ」ボタンによるnext-photoカスタムイベントが発火したら、それぞれprevPhoto()メソッド、nextPhoto()メソッドを呼び出して前後の写真を表示しています。❼のtoggle-autoカスタムイベントは「自動」チェックボックスがチェックされると発火します。toggleAuto()メソッドを呼び出しています。

カスタムコンポーネントの登録

次に、photo-displayカスタムコンポーネントの登録部分を示します。

●slideshow1.js（photo-displayカスタムコンポーネント部分）

```
1  Vue.component('photo-display', {
2      props: [ 'photo'],  ❶
3      template: `
4          <div>
5              <h2>{{ photo.title}}</h2>
6              <img @click="$emit('next-photo')" width="320" height="240" v-bind:src="'photos/' + photo.name">  ❷
7              <p>{{ photo.date }}: {{ photo.place }}</p>  ❸
8          </div>
9      `
10 });
```

テンプレートでは❶で **props** オプションで、表示する写真を管理する **photo** プロパティを用意しています。テンプレートでは❷でイメージがクリックされると、次の写真を表示する **next-photo** カスタムイベントを親コンポーネントに送っています。❸では **photo.date**（撮影日）、**photo.place**（撮影場所）をマスタッシュ構文で表示しています。

次に、**control-panel** カスタムコンポーネントの登録部分を示します。

●slideshow1.js（control-panelカスタムコンポーネント部分）

```
1   Vue.component('control-panel', {
2       template: `
3           <div>
4               <button @click="$emit('prev-photo')">前へ</button> ❶
5               <button @click="$emit('next-photo')">次へ</button> ❷
6               <label for="auto">自動 :</label><input type=checkbox id="auto" v-model="auto" @change="$emit('toggle-auto', auto)"> ❸
7           </div>
8       `,
9       data: function() {
10          return {
11              auto: false ❹
12          };
13      }
14  });
```

❶が1つ前のスライドを表示する「前へ」ボタン、❷が次のスライドを表示する「次へ」ボタンです。**$emit()** メソッドでそれぞれ **prev-photo** カスタムイベント、**next-photo** カスタムイベントを、親のコンポーネントに受け渡しています。❸が「自動」チェックボックスです。v-modelディレクティブで **auto** プロパティとバインドしています。チェックボックスの状態が変わると **$emit()** メソッドにより **toggle-auto** カスタムイベントを、**auto** プロパティを引数に受け渡しています。

❹で **auto** プロパティをfalseに初期化しています。

Vueインスタンスのコンストラクタ

次に、Vueインスタンスのコンストラクタ部分のリストを示します。

● slideshow1.js（Vueインスタンスのコンストラクタ部分）

```
1  var app = new Vue({
2      el: '#app',
3      data: {
4          auto: false,
5          photos: photos,
6          id: 0,
7          photo: null,
8          timerID: null,
9          // スライドの間隔 (msec)
10         SLIDEINTERVAL: 3000
11     },                                    ❶
12     methods: {  ❷
13         // 次のスライドへ
14         nextPhoto: function() {
15             this.id++;
16             if (this.id >= this.photos.length) {
17                 this.id = 0;
18             }                               ❸
19             this.photo = this.photos[this.id];
20         },
21         // 前のスライドへ
22         prevPhoto: function() {
23             this.id--;
24             if (this.id < 0) {
25                 this.id = this.photos.length - 1;  ❹
26             }
27             this.photo = this.photos[this.id];
28         },
29         // 自動モードをオン/オフする
30         toggleAuto: function(auto) {
```

次ページへ

```
31              if (this.auto == auto) return;
32              this.auto = auto;
33              if (auto) {
34                  this.slideShow();
35              } else {
36                  clearTimeout(this.timerID);
37              }
38          },
39          // スライドショーを実行
40          slideShow: function() {
41              this.nextPhoto();
42              var self = this; // this を退避 ❼
43              this.timerID = setTimeout(self.slideShow, self.SLIDEINTERVAL);
44          }
45      },
46      // 最初のスライドを設定
47      created: function() {
48          this.photo = this.photos[this.id]; ❽
49      }
50  });
```

❶がデータオブジェクトの定義です。photosが全ての写真を管理するオブジェクト、photoが現在の写真を管理するオブジェクトです。SLIDEINTERVALはスライドショーを自動で行う場合の写真の間隔です。

❷以降で各メソッドを定義しています。

❸の次のスライドを表示するnextPhoto()メソッドでは、idプロパティを進めて次のスライドのIDを取得してphotoプロパティを更新しています。同様に❹のprevPhoto()メソッドでは1つ前のスライドを表示しています。

❺toggleAuto()メソッドは「自動」チェックボックスの状態に応じてスライドショーを自動で行うかどうかの切り替えで、自動で行う場合にはslideShow()メソッドを呼び出しています。

❻のslideShow()メソッドではnextPhoto()メソッドで次のスライドを表示した後に、setTimeout()メソッドで自分自身を呼び出すことにより、繰り返し次のスライドに進めて

います。このとき、setTimeoutメソッドの引数ではthisがグローバルオブジェクトに変化してしまうため、❼で変数selfに代入している点に注意してください。

❽のcreated()ライフサイクルメソッドで、写真を管理するphotoプロパティを最初の写真に設定しています。

ライフサイクルメソッドはmounted()ではダメなのですか？

このサンプルだと、created()を使う必要があるね。
mounted()は、インスタンスがマウントされた後に呼び出されるので、その前に最初の写真のデータが用意されている必要があるんだ。

5-4-3 スライドをフェードアウト／フェードインする

次に、スライドの切り替え時にトランジションを設定して、フェードアウト／フェードインするようにしてみましょう。

トランジション用のクラスを追加する

まず、Lesson 5-2「アニメーション機能を活用する」で説明した、トランジション用のクラスを用意します。

●slideshow2.html（一部）

```
<style>
    .v-leave-active {
        transition: all 1s;
    }
    .v-enter {
        opacity: 0;
        transform: rotate(180deg) scale(0.1);
    }
```

次ページへ

```
        .v-leave-to {
            opacity: 0;
            transform: scale(0.1);
        }
    </style>
```

次に、**<transition>** タグで **photo-display** コンポーネントを囲みます。

●slideshow2.html（一部）

```
<div id="app" class="slideshow">
    <transition mode="out-in">  ❶
        <photo-display
            @next-photo="nextPhoto"
            v-bind:photo="photo"
            v-bind:key="photo.id"  ❷
        ></photo-display>
    </transition>
    <control-panel
        class="cpanel"
        @prev-photo="prevPhoto"
        @next-photo="nextPhoto"
        @toggle-auto="toggleAuto"
    ></control-panel>
</div>
```

　❶の**<transition>** タグでは、**mode**オプションで「**out-in**」を設定しています。こうすると前のスライドが消えるトランジションが終了すると、次のスライドが表示されるトランジションが開始されるようになります。
　また、❷では**key**属性を追加して、その値と **photo.id** に設定しています。**key**属性が設定されていると、写真が切り替わるタイミングでVueシステムが「要素が変更されたもの」と判断して、トランジションが行われます。

トランジションクラスの設定はいろいろ試して見ると面白いよ。

はーい！

〈transition〉タグのmodeオプションで「out-in」を指定していますが、指定しないとどうなるのでしょう？

実際にやってみるとわかるけど、Enter系とLeave系のトランジションが同時に行われるため、現在のスライドと次のスライドが上下に表示されてしまうんだね。
out-inを指定しないでトランジションを2つの写真が重なった状態で見せたい場合には、スタイルシートのpositionプロパティをabsoluteにするという方法もあるね。

Chapter 6

Web APIを使用した
アプリの作成

このChapterでは、まず、Ajax通信を使用してサーバからJSONデータを取得する方法について説明します。次に、Web APIを使用したWebアプリの例として、YouTube動画検索アプリを作成してみましょう。

Lesson 6-1 JSONファイルをAjaxで取得しよう
axiosライブラリによるAjax通信について

Vue.js本体には、Ajax通信機能は用意されていません。ここでは「axios」という外部のHTTP通信ライブラリを使用して、Ajax通信を行ってWebサービスからJSONデータを取得する方法についてついて説明しましょう。

WebアプリといえばAjaxが欠かせませんね。

なんだか難しそうな気配が...

6-1-1 axiosライブラリについて

Ajaxは「Asynchronous JavaScript + XML」の略で、Webブラウザ上で動作するJavaScriptプログラムにより、Webサーバから**非同期通信**（Asynchronous）でXMLデータを取得して、取得したデータをWebコンテンツに動的に反映する手法です。現在ではデータ形式として、XMLよりも軽量でシンプルな**JSON形式**が使用されることが多くなって来ています。

Vue.js自体にはAjax通信機能は用意されていないため、JavaScriptで直接**XMLHttp Requests**オブジェクトをコントロールするか、外部のライブラリを使用する必要があります。ここでは、Vue.jsの公式ドキュメントで紹介されている**axios**（アクシオス）というAjax通信ライブラリを使用する方法を紹介します。axiosは**Promise**という非同期処理機能をベースにしたライブラリです。

axiosライブラリを使用するために

axiosをCDN経由で読み込むには、HTMLファイルに次のようなscript要素を記述します。

```
<script src="https://unpkg.com/axios/dist/axios.min.js"></script>
```

axiosの基本的な使い方

axiosを使用して、WebサーバにHTTPプロトコルのgetリクエストを送信して、レスポンスを受け取るには次のようにします。

```
axios
    .get("URL")         ❶
    .then(function(res){ ❷
                        ← レスポンスを処理
    }
    .catch(function(err) { ❸
                        ← エラーが起こった場合の処理を記述
    });
```

❶のget()メソッドは、引数で指定したアドレスにHTTPプロトコルのgetリクエストを送信します。結果が正常に受け取れれば、❷のthen()メソッドの引数で指定した関数で処理を行います。関数では引数resにレスポンスが渡されます。

なお、エラーが発生した場合の処理を記述したい場合には、さらに❸でcatch()メソッドを接続します。

HTP(Hypertext Transfer Protocol)は、WebブラウザとWebサーバとのやりとりに使われる通信プロトコルよね。

そうだね。HTTPはリクエスト－レスポンス型の
プロトコルだ。Webブラウザで「http://～」
といったURLにアクセスすると、Webサーバに
getリクエストが送られて、そのレスポンスとし
てHTMLファイルが戻されるんだ。

6-1-2 JSONファイルを取得する

　Vue.jsとaxiosを組み合わせて使用するシンプルな例として、サーバ側の**JSON**ファイル
（test.json）を取得する例を示しましょう。ここでは、HTMLファイルと同じ階層に**data**フォ
ルダを用意して、その中に次のような学生のテストの点数を格納したJSONファイルを保
存しているものとします。

●test.json

```
{
    "number": 4,            ─── 学生番号
    "name": " 田中一郎 ",    ─── 名前
    "scores": [13, 14, 15]  ─── 点数
}
```

　このファイルを読み込んで、表示する例を示しましょう。
　まず、**axios**の**then()**メソッドで指定した関数の引数**res**には、HTMLサーバからのレ
スポンスがオブジェクトとして格納されます。読み込んだデータはJavaScriptのオブジェ
クトとなります。試しに、Vueインスタンスを生成して、**created()**ライフサイクル関数で
axiosを使用して読み込んでJavaScriptコンソールに表示してみましょう。

●axios1.html（一部）

```
<div id="app"></div>
```

●axios1.js

```
var vm = new Vue({
```

次ページへ

```
      el: '#app',
      created: function() {
        self = this;
        axios
            .get('./data/test.json1')
            .then(function(res) {
                console.log(res);  ❷
            })
            .catch(function(err) {
                console.log(err);
            });
      }
    });
```
❶

❶でaxiosを使用して、get()メソッドで「./data/test.json」を取得して、❷のthen()メソッドでconsole.log()メソッドを使用しています。

結果をGoogle ChromeのJavaScriptコンソールで確認してみましょう。

図6-1-1 Google Chromeで確認

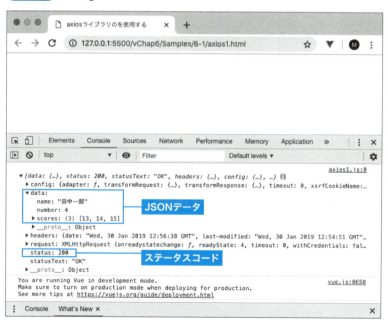

レスポンスの**status**にはWebサーバからの**ステータスコード**、**statusText**にはその文字列が格納されています。ステータスコードの「**200**」はリクエストが正常に処理されたことを示します。

dataには、レスポンスとして受け取ったJSONデータがオブジェクトとして格納されています。各要素には「**data.number**」や「**data.name**」といったように階層構造でアクセスできます。

HTMLテンプレートにJSONデータを表示する

以上の説明を元に、前述の**test.json**を取得しHTMLテンプレートにその内容を表示してみましょう。

●axios2.js

```
var vm = new Vue({
    el: '#app',
    data: {
        student: {} ❶
    },
    created: function() {
        self = this; ❷
        axios
            .get('./data/test.json')
            .then(function(res) {
                self.student = res.data; ❷
```

```
                })
                .catch(function(err) {
                    console.log(err);
                });
        }
    });
```

❶で、データオブジェクトとして student プロパティを用意しています。❷で this を変数 self に退避しています。これは axios の then() 関数などで this の値が変化してしまうのに対処するためです。

❷で取得したデータ（res.data）を student プロパティに代入しています。

❶で this を self に代入しているけど、this をそのまま使えないの？

this は、関数内ではグローバルオブジェクトである Window オブジェクトを参照してしまうからダメだね。
ES2015 を使える環境であれば、こんな風にアロー関数を使うという手もあるよ。

```
axios
    .get('./data/test1.json')
    .then(res => (self.student = res.data))
    .catch(err => console.log(err))
```

●axios2.html（一部）

```
1  <div id="app">
2      <p>学生番号：{{ student.number }}</p>  ❶
3      <p>名前：{{ student.name }}</p>  ❷
4      <ul>
5          <li v-for="score in student.scores">{{ score }}</li>  ❸
6      </ul>
```

次ページへ

```
7    </div>
```

HTMLテンプレート側では、❶で番号（number）と、❷で名前（name）をマスタッシュ構文で表示しています。点数（score）は配列のため❸でv-forディレクティブを使用して表示しています。

図6-1-2 axios2.htmlの実行結果

6-1-3 Ajaxで製品情報を取得して表示する

もう少し実践的な例として、次のような書籍のデータのJSONファイル（items.json）を受け取って表形式で表示してみましょう。

●items.json

```
{
    "items": [
        {
            "id": 1,
            "name": " 逆引きPython標準ライブラリ ",
            "price": 3240,
            "stock": 5,
            "author": " 田中一郎 "
        },
        {
            "id": 2,
            "name": " 楽しく学ぶJava",
```

次ページへ

```
            "price": 2970,
            "stock": 10,
            "author": " 大津真 "
        },

                    ～略～

    ]
}
```

各書籍は次のようなデータを持つものとします。

表6-1-1 各書籍が持つデータ

データ	説明
id	ID番号
name	書籍名
price	価格数
stock	在庫数
author	著者

一覧表示する

　まずは、書籍データを次のようにHTMLの表で一覧表示してみましょう（表の整形にはCSSライブラリ「**Bootstrap**」を使用しています）。

図6-1-3 書籍データの一覧

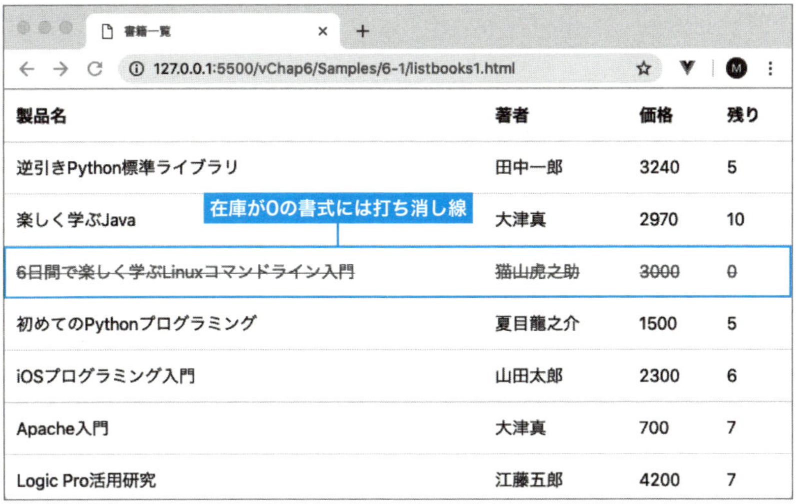

製品名	著者	価格	残り
逆引きPython標準ライブラリ	田中一郎	3240	5
楽しく学ぶJava	大津真	2970	10
6日間で楽しく学ぶLinuxコマンドライン入門	猫山虎之助	~~3000~~	~~0~~
初めてのPythonプログラミング	夏目龍之介	1500	5
iOSプログラミング入門	山田太郎	2300	6
Apache入門	大津真	700	7
Logic Pro活用研究	江藤五郎	4200	7

在庫が0の書式には打ち消し線

在庫が0の書籍の行には、グレー表示にして、さらに打ち消し線を引いています。

●listbooks1.js

```js
var vm = new Vue({
    el: '#app',
    data: {
        items: []
    },
    created: function() {
        self = this;
        axios
            .get('./data/items.json')
            .then(function(res) {
                self.items = res.data.items;  ❷
            })
            .catch(function(err) {
                console.log(err);
            });                                        ❶
    }
});
```

created() ライサイクル関数では、❶で **axios** の **get()** メソッドを使用して「./data/items.json」を取得して、❷で **items** プロパティに代入しています。

●listbooks1.html（スタイルシート設定部分）

```html
<style>
    .soldout {
        color: gray;
        text-decoration: line-through;   ❶
    }
</style>
```

スタイルシートでは、❶で **soldout** クラスを設定して、**color** プロパティを **gray**（グレー）、**text-decoration** プロパティを **line-through**（打ち消し線）に設定しています。

●listbooks1.html（HTMLテンプレート部分）

```
<div id="app">
    <table class="table">
        <th> 製品名 </th>
        <th> 著者 </th>
        <th> 価格 </th>
        <th> 残り </th>
        <tr                                              ❶
            v-for="item in items"  ❷
            v-bind:key="item.id"
            v-bind:class="{soldout: item.stock==0}" ❸
        >
            <td>{{ item.name }}</td>
            <td>{{ item.author }}</td>
            <td>{{ item.price }}</td>
            <td>{{ item.stock }}</td>
        </tr>
    </table>
</div>
```

HTMLテンプレート部分では **table** 要素により一覧を表示しています。❶の **tr** 要素では❷で **v-for** ディレクティブを使用して一覧を表示しています。❸では **v-bind** ディレクティブにより **item.stock**（在庫数）が0であれば **soldout** クラスに設定しています。

価格によって並び替える

次に、表のヘッダの「価格」部分をクリックするごとに、価格の安い順／高い順に並び替えるようにしてみましょう。

図6-1-4 価格の安い順

クリックすると昇順/降順を切り替える

製品名	著者	価格▲	残り
初めてのnode.js	大竹まこと	450	10
Apache入門	大津真	700	7
Objective-C入門	伊藤三四郎	1200	0
初めてのPythonプログラミング	夏目龍之介	1500	5
iOSプログラミング入門	山田太郎	2300	6
ゼロから始めるC言語	中野敬太郎	2300	2
楽しく学ぶJava	大津真	2970	10

図6-1-5 価格の高い順

製品名	著者	価格▼	残り
Logic Pro活用研究	江藤五郎	4200	7
逆引きPython標準ライブラリ	田中一郎	3240	5
6日間で楽しく学ぶLinuxコマンドライン入門	猫山虎之助	3000	0
楽しく学ぶJava	大津真	2970	10
iOSプログラミング入門	山田太郎	2300	6
ゼロから始めるC言語	中野敬太郎	2300	2
初めてのPythonプログラミング	夏目龍之介	1500	5

●listbooks2.html（一部）

```
1  var vm = new Vue({
2      el: '#app',
3      data: {
4          items: [],
5          reverse: false,  ❶
```

次ページへ

```
 6          orderIcon: '▲'  ❷
 7      },
 8      computed: {
 9          sortedItems: function() {
10              if (this.reverse) {
11                  return this.items.slice().sort(function(a, b) {
12                      return b.price - a.price;
13                  });
14              } else {                                              ❸
15                  return this.items.slice().sort(function(a, b) {
16                      return a.price - b.price;
17                  });
18              }
19          }
20      },
21      methods: {
22          reverseOrder: function() {
23              this.reverse = !this.reverse;
24              if (this.reverse) {
25                  this.orderIcon = '▼';                              ❹
26              } else {
27                  this.orderIcon = '▲';
28              }
28          }
29      },
30
31  〜略〜
32  });
```

新たに、❶で昇順か降順かを示す**reverse**プロパティと、❷で昇順/降順の状態を示すアイコンとして使用する**orderIcon**プロパティを用意しています。

❸で、**sortedItem**算出プロパティを定義しています。**reverse**プロパティの状態に応じて**items**プロパティをソートして戻します。

❹では、昇順/降順の状態を反転させる**reverseOrder()**メソッドを定義しています。

❸のsortedItems算出プロパティでは、itemsプロパティにslice()メソッドを使用してから、sort()メソッドでソートしていますね。

そうだね。元のプロパティが変更されないように、slice()メソッドでコピーしてからソートしているわけだ。

● リスト:listbooks2.html（一部）

```
<div id="app">
    <table class="table">
        <th> 製品名 </th>
        <th> 著者 </th>
        <th @click="reverseOrder">価格 {{ orderIcon }}</th> ❶
        <th> 残り </th>
        <tr
            v-for="item in sortedItems" ❷
            v-bind:key="item.id"
            v-bind:class="{soldout: item.stock==0}"
        >
            <td>{{ item.name }}</td>
            <td>{{ item.author }}</td>
            <td>{{ item.price }}</td>
            <td>{{ item.stock }}</td>
        </tr>
```

```
        </table>
</div>
```

❶で@clickディレクティブにより表の見出しの「価格」部分がクリックされたら**reverseOrder()**メソッドを呼び出すようにしています。またマスタッシュ構文で**orderIcon**を表示しています。

❷の**v-for**ディレクティブでは、**sortedItem**算出プロパティから要素を取り出すように変更しています。

同じように在庫数の昇順/降順で並び替えるというのもできそうね！

よし、トライしてみよう！

Lesson 6-2　Web APIでYouTube動画を検索しよう
YouTube動画検索アプリの作成

ここでは、Vue.jsとaxiosを使用してWeb APIを操作する例を示しましょう。Web APIの例として、YouTube Data API v3を使用して、YouTubeの動画を検索するVueアプリの作成例を紹介します。

面白そうだけど難しそう...

ここまでの説明が理解できていれば大丈夫。頑張って挑戦しよう！

6-2-1　作成するYouTube動画検索アプリについて

　Web APIとは、Webサーバ上で提供されるさまざまなサービスを、クライアント側のプログラムからアクセスするための仕組みのことです。現在ではさまざまなサイトが検索サービスなどをWeb APIとして提供しています。
　ここでは**YouTube**の提供する「**YouTube Data API v3**」を使用して、次のようなYouTube動画検索プログラムを作成しましょう。
　テキストボックスに検索文字列を入力して「検索」ボタンをクリックすると、検索結果がHTMLの表に一覧表示されます（図6-2-1）。
　検索結果のサムネール部分をクリックすると、YouTubeのWebサイトにジャンプして動画を再生できます（図6-2-2）。
　テーブルの表示には、これまで同様CSSライブラリの**Bootstrap**を使用しています。

図6-2-1 YouTube動画を検索する

図6-2-2 イメージをクリックすると、YouTubeにジャンプして動画が再生される

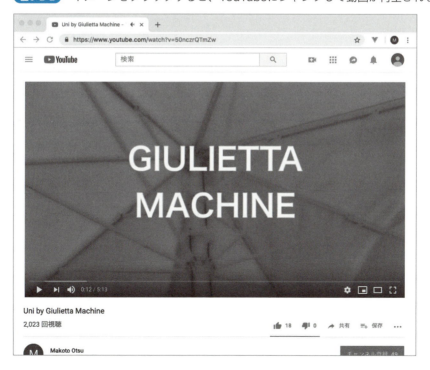

6-2-2 APIキーを取得する

YouTubeの動画検索を行うには、「YouTube Data API v3」の**APIキー**が必要です。また、APIキーを取得するにはGoogleアカウントが必要になります。

1. WebブラウザでGoogleアカウントでログインして、Google Developers Console
   (https://console.developers.google.com/apis/library) を開きます。

図6-2-3 Google Developers Console
(https://console.developers.google.com/apis/library)

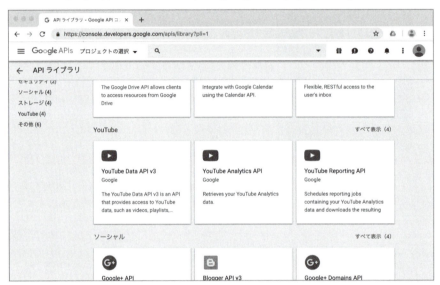

2.「YouTube Data API v3」ページを開き「有効にする」ボタンをクリックします。

図6-2-4 YouTube Data API v3を有効にする

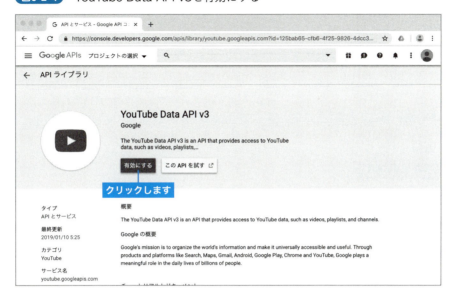

3.「ライブラリ」ページで「作成」ボタンをクリックしてプロジェクトを作成します。

図6-2-5 プロジェクトを作成する

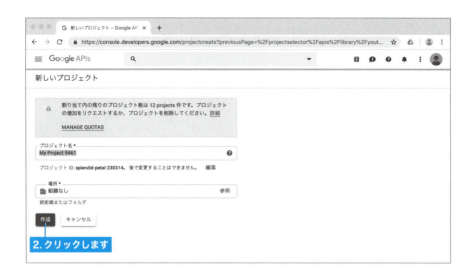

4. 「認証情報」ページで情報を設定して「必要な認証情報」ボタンをクリックします。

図6-2-6 認証情報の追加

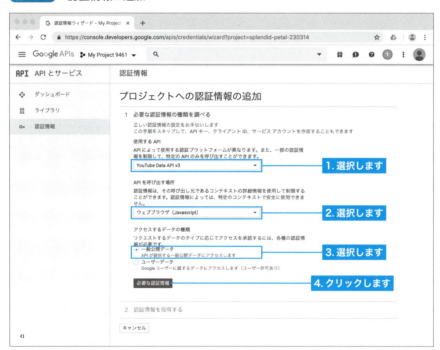

5. APIキーが表示されます。このAPIキーを利用します。

図6-2-7　APIキーの取得

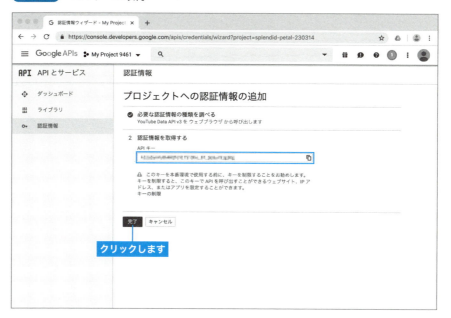

6-2-3　Webブラウザで YouTube Data APIにアクセスする

　YouTube動画検索アプリ作成の前に、まずはWebブラウザでYouTube Data APIにアクセスして検索結果を確認してみましょう。

　次のようなURLにアクセスすると、検索結果がJSONデータで表示されます（適当なキーワードおよびAPIキーを設定してください）。

URL　https://www.googleapis.com/youtube/v3/search?part=snippet&q=キーワード&key=APIキー

図6-2-8　WebブラウザでAPIにアクセス

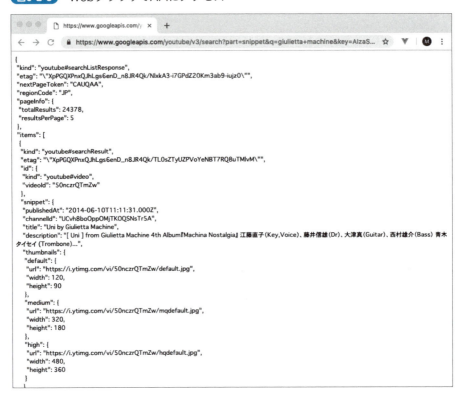

　検索された動画に関する様々な情報がJSDN形式で表示されます。表示されたJSONデータから、作成するVueアプリケーションに必要な情報を取り出すと、次のようになります。

●検索結果のJSONデータ（抜粋）

```
1  {
2      "kind": "youtube#searchListResponse",
3      "regionCode": "JP",
4      "items": [ ❶
5          {
6              "kind": "youtube#searchResult",
7              "etag": "\"XpPGQXPnxQJhLgs6enD_n8JR4Qk/0LG4Jg0EV14c5UiMLdaaet_v2CM\"",
8              "id": {
9                  "kind": "youtube#video",
10                 "videoId": "UOxkGD8qRB4" ❷
11             },
12             "snippet": {
13                 "title": "タイトル", ❸
14                 "description": "詳細情報.", ❹
15                 "thumbnails": {
16                     ～略～
17                     "medium": {
18                         "url": "https://～/mqdefault.jpg", ❺
19                         "width": 320,
20                         "height": 180
21                     },
22                     ～略～
23                 },
24                 "channelTitle": "League of Legends",
25                 "liveBroadcastContent": "none"
26             }
27         },
28
29         ～略～
30
31     ]
32 }
```

❶のitems配列の要素には、検索された個々の動画の情報が格納されています。❷のvideoIdは動画のIDで、次のURLで動画ページが表示されます。

https://www.youtube.com/watch?v=[videoId]

動画ID

❸のtitleが動画のタイトル、❹のdescriptionが詳細情報です。❺のurlが動画のサムネール（中解像度）のURLです。

なるほど、これらの情報をプログラムで取得して、HTMLテンプレートに表示すればいいわけですね。

情報がいっぱい表示されるので、どれが必要かを見極めるのはちょっと大変。

6-2-4　axiosでクエリパラメータを設定する

Web APIにアクセスするには、URLに加えて**クエリパラメータ**の指定が必要です。**axios**の**get()**メソッドを使用して、検索文字列などのクエリパラメータを指定するには、第2引数のオブジェクトで**params**をキーに、パラメータと値のペアのオブジェクトで指定します。

作成する動画検索アプリのためには、次のようなパラメータが必要です。

```
axios.get('url, {
  params: {
    q: '検索文字列',
    part: 'snippet',
    type: 'video',
    maxResults: '10',
    key: 'APIキーを指定'
  }
});
```

ここにクエリパラメータを指定する

最大検索数

クエリパラメータってなんだっけ？

URLの後ろに、「?パラメータ名=値」の形式で指定する値だね。HTTPのgetプロトコルでWebサーバに情報を送るのに使用されるんだ。

値が複数ある場合には？

「&」でつないでいくんだよ。

http://example.com/?パラメータ1=値1↩
&パラメータ2=値2...

axiosのget()メソッドの場合、paramsキーにパラメータをオブジェクトとして指定すればOkだよ。

6-2-5 動画アプリを作成する

以上の説明を元に、動画検索アプリの作成してみましょう。

プログラム部分

次に、プログラム部分のリストを示します。

●youtube1.js

```
1   var vm = new Vue({
2       el: '#app',
3       data: {
4           results: null,      ❶
5           keyword: '',        ❷
6           params: {
7               q: '',   // 検索文字列
8               part: 'snippet',
9               type: 'video',
10              maxResults: '10', // 最大検索数  ❹
11              // キーを設定
12              key: 'APIキーを設定 '  ❺
13          }
15      },
16      methods: {
17          searchMovies: function() {
18              this.params.q = this.keyword;  ❼
19              var self = this;
20              axios
21                  .get('https://www.googleapis.com/youtube/v3/search', {params: this.params})  ❽
22                  .then(function(res) {
23                      self.results = res.data.items;  ❾
24                  })
25                  .catch(function(err) {
26                      console.log(err);
27                  });
28          }
29      }
30  });
```

❸

❻

データオブジェクトとして、❶で検索結果を格納する results プロパティ、❷で検索キーワードを格納する keyword プロパティを用意しています。❸の parms にはクエリパラメータを格納しています。❹の maxResults は最大検索数です。自由に設定して構いません。❺の key では取得した API キーを設定します。

❻が検索を実行する searchMovies() 関数です。❼でクエリパラメータの「q」に検索文字列を代入しています。

❽の axios の get() メソッドでは、YouTube Data API の URL にクエリパラメータを加えて実行しています。

.get('https://www.googleapis.com/youtube/v3/search', {params: this.params})

クエリパラメータ

then() メソッドでは、❾で検索結果として取得した items 配列を results プロパティに代入しています。これで results 配列の各要素にはそれぞれの動画の情報が格納されます。

HTMLテンプレート

次に HTML テンプレート部分のリストを示します。

●youtube1.html（一部）

```
 1  <div id="app">
 2      <input v-model="keyword" placeholder=" 検索キーワードを入力 " />  ❶
 3      <button @click="searchMovies"> 検索 </button>  ❷
 4
 5      <table class="table" v-show="results">
 6          <tr>
 7              <th>#</th>
 8              <th> ムービー </th>
 9              <th> 情報 </th>
10          </tr>
11          <tr v-for="(movie, index) in results" v-bind:key="movie.id.videoId">  ❸
12              <td>{{ index + 1 }}</td>
13              <td>
```

```
14                <a
15                    v-bind:href="'https://www.youtube.
com/watch?v=' + movie.id.videoId"
16                    ><img width=320 height=180
17                      v-bind:src="movie.snippet.
thumbnails.medium.url"
18                    /></a>
19            </td>
20            <td>
21                <b>{{ movie.snippet.title }}</b> <br
/>
22                <span class="desc">{{
23                    movie.snippet.description
24                }}</span>
25            </td>
26        </tr>
27    </table>
28 </div>
```

❶で、検索文字列入力用のテキストボックスを用意して、**v-model**ディレクティブで**keyword**プロパティとバインドしています。

❷では「検索」ボタンがクリックされたら**searchMovies()**メソッドを呼び出すようにしています。

検索結果の一覧を表示する表（table要素）では、❸で**v-for**ディレクティブには動画を1つずつ取り出して変数**movie**に格納しています。**key**属性には、ビデオのIDをバインドしています。

❹では、img要素に**v-bind**ディレクティブで**src**属性をバインドすることにより、動画のサムネールを表示しています。また**a**要素の**href**属性にYouTubeの動画のURLをバインドすることにより、サムネールがクリックしたら動画サイトにジャンプするようにしています。

❺では、動画のタイトル（**title**）と、情報（**description**）を表示しています。

実行結果を確認する

　これで完成です。テキストボックスに検索文字列を入力して「検索」ボタンをクリックすると動画が検索されること、サムネールをクリックするとYouTubeの動画ページにジャンプして動画が再生されることを確認してください。

図6-2-9　動画を検索

それほど難しくなかったんじゃないかな？

そうね。確かにプログラムも
HTMLテンプレートもそんなに長くないわね。

だよね！Vue.jsとaxiosを組み合わせて使う
ことで、Web APIへのアクセスとデータの処理
がシンプルに記述できますね。

COLUMN

GitHubについて

ソフトウエアのバージョン管理システムとしては **Git**（ギット）が有名です。Gitを使用してソースコードをホスティングするWebサービスに **GitHub**（ギットハブ）があります。最近では多くのオープンソースソフトウエアがGitHub上で開発されています。このChapterで紹介したAjaxライブラリ「**axios**」もGitHub上で公開されています。

図6-2-10　axiosweb GitHubのaxiosのサイト（https://github.com/axios/axios）

Chapter 7

Vue CLI 3による
アプリケーション開発

最後のChapterでは、Node.jsベースのコマンドラインツールであるVue CLI 3を使用したVueアプリケーション開発について解説します。シングルページアプリケーションに欠かせないVue Router、Vuexといった拡張ライブラリの基礎についても解説します。

Lesson
7-1

シングルファイルコンポーネントやES2015+もOK

Vue CLI 3を使ってみよう

大規模なVueアプリケーションの作成には、ES2015+によるプログラミングと、シングルファイルコンポーネントの利用が不可欠です。ここでは、それらを可能にする「Vue CLI 3」というコマンドラインツールの基本的な使い方について説明しましょう。

ついに最後のChapterですね。

このChapterでは、Node.jsとVue CLI 3を使用した本格的なVueアプリケーション開発に挑戦だ！

頑張ってついていかなきゃ！

7-1-1　Vue CLI 3を使うために基礎知識

　Vue CLI 3は、大規模なVueアプリケーションを効率的に作成するためのツールです。**Node.js**のモジュールとして提供されます。内部では**Webpack**や**Babel**を利用して、**ES2015+**によるモダンなプログラミングが可能です。またコンポーネントには、**シングルファイルコンポーネント**（拡張子が.vue）が利用可能です。

　Vue CLI 3を使うためには、JavaScriptの開発環境に関するさまざまな技術を学習しておく必要があります。ここでは基本的な予備知識についてごく簡単に解説しておきましょう。

Node.js

　JavaScriptは、もともとクライアントサイド、つまりWebブラウザ上で実行するプログラミング言語として開発されました。**Node.js**は、そのJavaScriptプログラムをサーバサイドで実行するための環境です。最近では、バックエンドだけではなくフロントエンドのWebアプリケーションを効率的に構築するためのツールとしても、使用されるようになってきています。

コマンドラインを操作する

　Vue CLI 3のCLIは「Command Line Interface」の略で、基本的にCUIの操作環境であるコマンドラインから操作します。Node.jsも同様です。それらを操作するためにはコマンドラインの知識が必須となります。

　Windowsでは「**PowerShell**」（「スタート」メニューを右クリックしてメニューから「Windows Power Shellを選択」）あるいは「**コマンドプロンプト**」、macOSでは「**ターミナル**」（「アプリケーション」➡「ユーティリティ」➡「ターミナル」）といった標準アプリケーションを使用するとコマンドラインを操作できます。

図7-1-1　WindowsのPowerShell

図7-1-2　macOSのターミナル

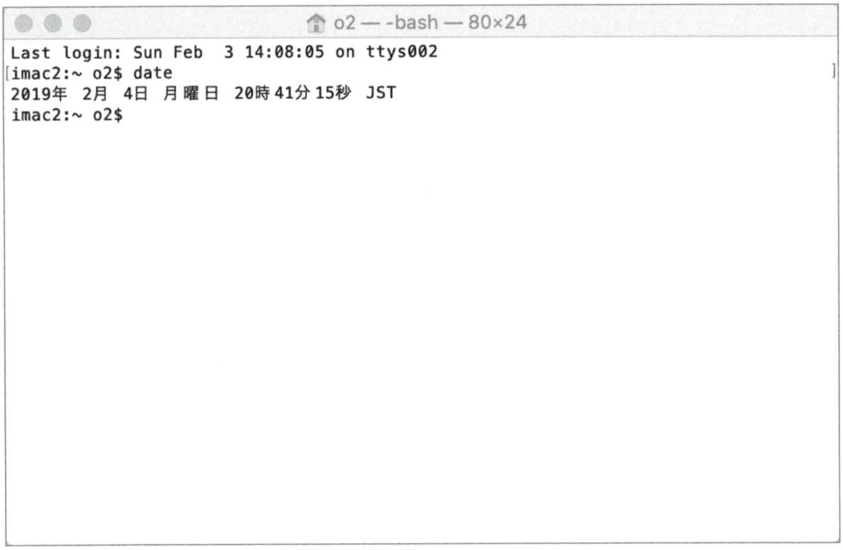

```
Last login: Sun Feb  3 14:08:05 on ttys002
[imac2:~ o2$ date
2019年 2月 4日 月曜日 20時41分15秒 JST
imac2:~ o2$
```

モジュールの管理はnpmで

Node.jsは、モジュール（パッケージ）によって機能を自由に拡張していくことが可能です。**npm**（Node Package Manager）は、Node.js用のモジュールのインストールや削除などの管理を行うためのツールです。Vue CLI 3 も Node.js のモジュールなので、npmを使用してインストールします。

シングルファイルコンポーネント

シングルファイルコンポーネントは、Vue.jsのコンポーネントを構成するHTMLテンプレート、JavaScript、スタイルシートを1つのファイルにまとめたものです。拡張子は「**.vue**」になります。

シンプルなシングルファイルコンポーネントの例を、次に示します。

●Hello.vue

```
<template>
  <div>
    <h1>{{ msg }}</h1>  ❶
  </div>
</template>
```

次ページへ

```
<script>
export default {
  name: "Hello",
  props: {
    msg: String
  }
};
</script>
```
❷

```
<style scoped>
h1 {
  color: red;
}
</style>
```
❸

　❶のように、HTMLテンプレートは**template**要素として記述します。❷のようにコンポーネントのインスタンスは、ES2015の**export default**文でエクスポートします。❸のようにスタイルシートの**style**要素も同じファイルに記述できます。

Webpackモジュールハンドラ

　Webpackは、Webコンテンツを構成するHTMLファイル、JavaScriptファイル、CSSファイル、さらには画像ファイルなどをまとめる**モジュールハンドラ**と呼ばれるツールです。Node.jsのモジュールとして提供されています。Vue.jsのシングルファイルコンポーネントもWebpackで取り扱うことが可能です。

Babelトランスパイラ

　Babelは、ES2015+のJavaScriptプログラムを、多くのWebブラウザで利用可能なES5のプログラムに変換する、**トランスパイラ**と呼ばれる種類のツールです。Node.jsのモジュールとして提供されます。

ESLint

　ESLintは、JavaScriptのプログラムを動的に検証するためのツールです。Node.jsのモジュールとして提供されます。

シングルページアプリケーション

シングルページアプリケーション（Single Page Application：**SPA**）は文字通り、単一のWebページから構成されるWebアプリケーションです。Vue.jsのシングルページアプリケーションでは、個々のシングルファイルコンポーネントが仮想的なWebページとなり、**ルータ**と呼ばれる機能によりそれらを切り替えて表示します。

Vue.jsのルータには**Vue Router**が、また、コンポーネント間でデータを効率よく受け渡すには**Vuex**といった拡張ライブラリが利用できます。

なんだか覚えることが多くて…

しかも技術の入れ替わりスピードが速くて…

そうだね。世の中的には"JavaScript疲れ"などと揶揄されることもあるけど、頑張ってついていくしかないね。

7-1-2 Node.jsをインストールする

まずは、**Node.js**をシステムにインストールしましょう。Node.jsのオフィシャルサイト（https://nodejs.org/ja/）にアクセスすると、使用しているOSに対応した推奨版と、最新版が表示されます。

図7-1-3 Node.jsのオフィシャルサイト (https://nodejs.org/ja/)

　本書では、推奨版である「10.15.1 LTS」をベースに解説します。リンクをクリックしてダウンロードを実行して、指示に従ってインストールを行ってください。
　インストールが完了したら、コマンドラインで「**node -v** Enter」とタイプしてみましょう。Node.jsのバージョンが表示されるはずです。

```
node -v Enter
v10.15.1 ──────────────────────────────────── バージョンが表示される
```

Vue CLI 3をインストールする

　続いて**Vue CLI 3（@vue/cli）**をインストールします。Vue CLI 3はNode.jsのモジュールですので、**npm**を使用してインストールします。コマンドラインで次のように実行してください。なお、macOSでのインストールには管理者権限が必要なので、**sudo**コマンドを付けて実行します。

- Windows
```
npm install -g @vue/cli Enter
```

- macOS
```
sudo npm install -g @vue/cli Enter
Password: ─────────────────────────── パスワードを入力
```

macOSの場合は最初にsudoが必要なのね。

「npm install」はモジュールをインストールするコマンドだけど、「-g」オプションを指定すると指定したプロジェクトではなく、システム全体としてにインストールされるんだ。その際、macOSでは「管理者権限」が必要になる。「sudo」は管理者としてコマンドを実行するコマンドなんだね。パスワード入力を求められるので、自分のパスワードを入力するとインストールが開始されるよ。

7-1-3　プロジェクトを作成する

　Vue CLI 3では、プロジェクトという単位でVueアプリケーションの開発を行います。プロジェクトを作成したいディレクトリに移動して、コマンドラインで**vue**コマンドを使用して次のように実行します。

```
vue create プロジェクト名
```

コマンドラインでカレントディレクトリを移動するにはどうすればいいの？

cdというコマンドが使えるよ。cdコマンドに続けて、移動先のディレクトリのパスを指定すると移動できる。

```
cd ディレクトリのパス
```

ディレクトリの指定が面倒なら、「cd 」までタイプして、ファイルマネージャやFinderからフォルダをドラッグ&ドロップすると、ディレクトリ名が入力されるんだ。

例えば、「**my-project1**」というプロジェクトを作成するには次のようにします。

```
vue create my-project1 Enter
? Please pick a preset: default (babel, eslint) Enter

Vue CLI v3.4.0
Creating project in /Users/o2/Documents/Work/原稿2019/vue
js/vChap7/Samples/7-1/my-project1.
〜略〜
```

以上で、プロジェクトが作成されてサンプルのファイル群が用意されます。次のようコマンドを実行してプロジェクトのディレクトリに移動します。

```
cd my-project1 Enter
```

「vue create」コマンドを実行するとこんな風に聞いてくるわね。

```
? Please pick a preset: default
(babel, eslint) Enter
```

これはデフォルトで、トランスパイラとしてBabel、JavaScriptの検証ツールにESlintが使われることを示しているんだ。↑↓矢印キーで「Manually select features」を選択すると、その他の設定を選択できるよ。

作成されたディレクトリ／ファイルについて

次に、Vue CLI 3の「**vue create**」コマンドを実行することで作成されたファイル／ディレクトリの概略を示します。

図7-1-4 vue createコマンドで作成されたファイル／ディレクトリ

ファイル／ディレクトリ	説明
README.md	Markdown形式のREADMEファイル
babel.config.js	Babelトランスパイラの設定ファイル
package.json	インストールされたnode.jsのモジュール情報が記述されているJSONファイルファイル
package-lock.json	インストールされたnode.jsのモジュール情報が記述されているJSONファイルファイル（バージョン情報がより詳細に記述されたもの）
public／	
└ index.html	メインのHTMLファイル
src／	
├ assets／	イメージファイルなどのメディアファイルを保存するディレクトリ
│　└ logo.png	
├ components／	シングルファイルコンポーネントが保存されるディレクトリ
│　└ HelloWorld.vue	サンプルのシングルファイルコンポーネント
├ main.js	メインのJavaScriptファイル
└ App.vue	最初にロードされるシングルファイルコンポーネント
node_modules／	インストールされたモジュールが保存されるディレクトリ
└ @babel／	
...	

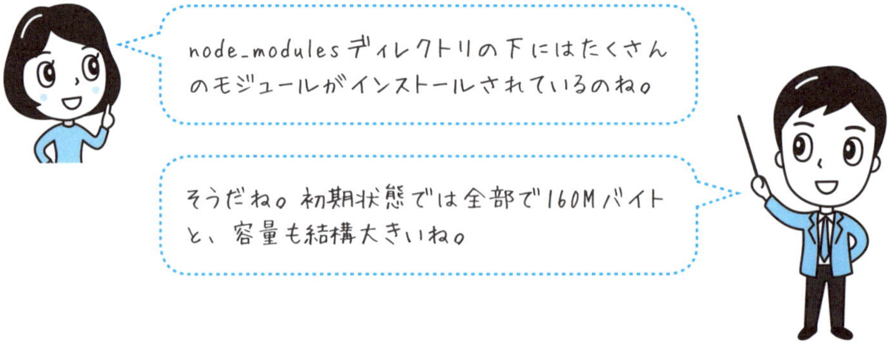

node_modulesディレクトリの下にはたくさんのモジュールがインストールされているのね。

そうだね。初期状態では全部で160Mバイトと、容量も結構大きいね。

プロジェクトを実行する

作成されたプロジェクトを実行してみましょう。これまでのサンプルのように、単にWebブラウザでファイルを読み込むだけではダメで、あらかじめ**ビルド**（もしくは**コンパイル**）という操作を行う必要があります。

それには、コマンドラインでプロジェクトのディレクトリに移動して、次のように実行します。

```
npm run serve Enter
```

すると、開発用にビルド（コンパイル）が実行され、画面に次のように表示されます。

```
DONE  Compiled successfully in 3400ms                    00:00:08

App running at:
- Local:   http://localhost:8080/
- Network: http://192.168.3.20:8080/

Note that the development build is not optimized.
To create a production build, run npm run build.
```

これは、Node.jsの開発用Webサーバ（8080番ポート）上でプロジェクトが動作していることを示します。Webブラウザで「http://localhost:8080/」にアクセスすると、Vue CLI 3によって作成されたサンプルのWebページが表示されます。

図7-1-5 Node.jsの開発用Webサーバが稼働している（http://localhost:8080/）

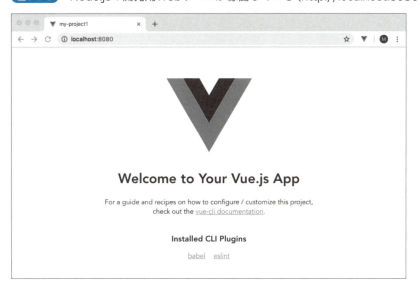

Vue CLI 3は自前でWebサーバを用意してくれるわけね。

それは便利。

後で説明するけど、ファイルの追加/変更も監視してくれるんだ。ファイルを修正すると、すぐにWebブラウザの画面に反映されるよ。

終了するには？

コマンドラインで Ctrl + C キーを押せばいいよ。

7-1-4 Vue CLI 3のプロジェクトに用意されたファイルの内容を見てみよう

「vue create」コマンドで作成されたファイルの中で、重要なファイルについて説明していきましょう。

public/index.html

publicディレクトリの**index.html**は、メインのHTMLファイルです。

●index.html

```
1  <!DOCTYPE html>
2  <html lang="en">
```

```
 3    <head>
 4      <meta charset="utf-8">
 5      <meta http-equiv="X-UA-Compatible" content="IE=edge">
 6      <meta name="viewport" content="width=device-width,initial-scale=1.0">
 7      <link rel="icon" href="<%= BASE_URL %>favicon.ico">
 8      <title>my-project1</title>
 9    </head>
10    <body>
11      <noscript>
12        <strong>We're sorry but my-project1 doesn't work properly without JavaScript enabled. Please enable it to continue.</strong>
13      </noscript>
14      <div id="app"></div> ❶
15      <!-- built files will be auto injected -->
16    </body>
17  </html>
```

❶でid属性が「app」のdiv要素がありますが、この部分がルートVueインスタンスから参照されます。

src/main.js

srcディレクトリの **main.js** は、メインのJavaScriptファイルです。

● main.js

```
import Vue from 'vue' ❶
import App from './App.vue' ❷

Vue.config.productionTip = false
```

```
new Vue({
  render: h => h(App),
}).$mount('#app')
```
❸

❶❷の import 文は、ES2015で標準採用された、外部のJavaScriptモジュールを読み込む命令です。❶でVue.jsのモジュールである **vue** を読み込んでいます。❷では次に説明する **App.vue** を読み込んでいます

❸は、後述する **App.vue** からルートVueインスタンスを生成して、index.html内のid属性が「**app**」の **div** 要素にマウントしている部分です。

src/App.vue

srcディレクトリの **App.vue** は、メインのシングルファイルコンポーネントです。

●App.vue

```
<template> ❶
  <div id="app">
    <img alt="Vue logo" src="./assets/logo.png">
    <HelloWorld msg="Welcome to Your Vue.js App"/> ❷
  </div>
</template>

<script> ❸
import HelloWorld from './components/HelloWorld.vue'

export default { ❹
  name: 'app',
  components: { ❺
    HelloWorld
  }
}
</script>

<style> ❻
#app {
```

次ページへ

```
    font-family: 'Avenir', Helvetica, Arial, sans-serif;
    -webkit-font-smoothing: antialiased;
    -moz-osx-font-smoothing: grayscale;
    text-align: center;
    color: #2c3e50;
    margin-top: 60px;
}
</style>
```

❶のtemplate要素、❸のscript要素、❻のstyle要素が1つのファイル内に含まれています。

❷では、さらにHelloWorldシングルファイルコンポーネントが入れ子になっています。msg属性で、プロパティを渡しています。

❹の「export default」は、コンポーネントのモジュールとしてエクスポートするための文です。ここでdataやmethodsなどコンポーネントの色々なオプションを定義します。

❺のcomponentsで、HelloWorldコンポーネントを使用することを宣言しています。

シングルファイルコンポーネントでは
HTMLテンプレートがtemplate要素として
記述できるのですね。

これまでのコンポーネントでは
文字列だったわね。

src/components/HelloWorld.vue

srcディレクトリ内の**components**ディレクトリに格納されている**HelloWorld.vue**は、サンプルとして用意されているシングルファイルコンポーネントです。前述の**App.vue**によって読み込まれます。

●HelloWorld.vue

```
 1  <template>
 2    <div class="hello">
 3      <h1>{{ msg }}</h1> ❶
 4  
 5    〜略〜
 6  
 7    </div>
 8  </template>
 9  
10  <script>
11  export default {
12    name: 'HelloWorld',
13    props: { ❷
14      msg: String
15    }
16  }
17  </script>
18  
19  <!-- Add "scoped" attribute to limit CSS to this component only -->
20  <style scoped>
21  h3 {
22    margin: 40px 0 0;
23  }
24  ul {
25    list-style-type: none;
26    padding: 0;
27  }
28  li {
29    display: inline-block;
30    margin: 0 10px;
31  }
32  a {
```

次ページへ

```
33      color: #42b983;
34  }
35  </style>
```

❷で props を使用して msg プロパティを登録しています。❶でマスタッシュ構文で msg プロパティを表示しています。

7-1-5　ソースを変更するとすぐに反映される

「**npm run serve**」を実行して Web サーバ経由で結果を確認している場合、ファイルに加えた修正はすぐにコンパイルされ Web ブラウザの画面に反映されます。

試しに、App.vue の HelloWorld コンポーネントに渡しているプロパティを変更してみましょう。

```
<HelloWorld msg="Welcome to Your Vue.js App"/>
```

```
<HelloWorld msg=" ようこそ Vue.js アプリへ "/>
```

ファイルを保存すると、すぐにコンパイルが行われ結果が反映されます。

図7-1-6　修正がすぐに反映される

これは便利ですね。
いちいちロードし直す必要がないのですね。

「ホットリロード」機能と言うんだ。さらに、ESLintがエラーのチェックもやってくれるよ。エラーがあればWebブラウザとコマンドラインにメッセージが表示されるんだ。

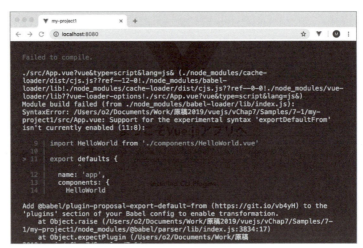

7-1-6　GUI管理ツールを利用する

　Vue CLI 3にはWebブラウザベースの**GUI管理ツール**が用意されています。コマンドラインで次のように実行すると、GUI管理ツールが8000番ポートで起動します。

```
vue ui Enter
```

　デフォルトのWebブラウザが起動して「http://localhost:8000/project/select」にアクセスされ、Vueプロジェクトマネージャの画面が表示されます。

図7-1-7 Vueプロジェクトマネージャ (http://localhost:8000/project/select)

MEMO

core-jsモジュールの不具合により、環境によっては「vue ui」を実行すると「Error: Cannot find module 'core-js/proposals/array-flat-and-flat-map'」というエラーが表示される場合があります。
その場合、次のように実行してください。

- Windows
```
npm install -g core-js@3.0.0-beta.11 [Enter]
```

- macOS
```
sudo npm install -g core-js@3.0.0-beta.11 [Enter]
```

「**インポート**」を選択すると、「**Vueプロジェクトマネージャ**」画面が表示されます。プロジェクトのディレクトリを選択して「**このフォルダをインポートする**」を選択すると、「Vueプロジェクトマネージャ」の管理下にプロジェクトが置かれます。

図7-1-8　「インポート」を選択

左の「**プロジェクト**」を選択するとプロジェクトの管理画面が表示されます。

図7-1-9　プロジェクトの管理画面

「**プラグイン**」を選択すると、プロジェクトにインストールされているプラグインが一覧表示されます。

図7-1-10　プラグインを一覧表示

7-1-7　プロダクション用のファイルを作成するには

　「**npm run serve**」で作成されるファイル群は開発用なので、そのままでは外部に公開できません。プロダクション用にビルドを実行するには、次のようにコマンドを実行します。

```
npm run build Enter
```

　ビルドが完了するとディレクトリにプロダクション用のファイル群が保存されます。**dist**ディレクトリの中身を、丸ごと公開用のWebサーバにコピーすれば完了です。

> **MEMO**
> ダウンロードしたChapter 7のサンプルを実行するには、プロジェクトに必要なモジュール群をインストールする必要があります。コマンドラインで、プロジェクトのディレクトリに移動して、次のように実行してください。
>
> ```
> npm install Enter
> ```

Lesson 7-2　ライブラリのインストールもNode.jsで
既存アプリのシングルファイルコンポーネント化

Lesson 6-2「YouTube動画検索アプリの作成」では、Web APIの活用例としてaxiosライブラリを使用したYouTube動画検索アプリを作成しました。ここでは、それをシングルファイルコンポーネント化してみましょう。

YouTube動画検索アプリでは、axiosやBootstrapなどといったライブラリを使っていけど…

大丈夫。それらもNode.jsのモジュールとして用意されているんだ

7-2-1　プロジェクトを作成する

まずはプロジェクトの作成です。ここでは、**Vue CLI 3**のGUI管理ツールを使用して「youtube-search」という名前でプロジェクトを作成してみましょう。

1. Vueプロジェクトマネージャ（http://localhost:8000/project/select）のホームに移動し「**作成**」をクリックします。

図7-2-1 ホームへ移動

2. プロジェクトを作成するディレクトリを入力して、「ここに新しいプロジェクトを作成する」ボタンをクリックします。

図7-2-2 新規プロジェクトの作成

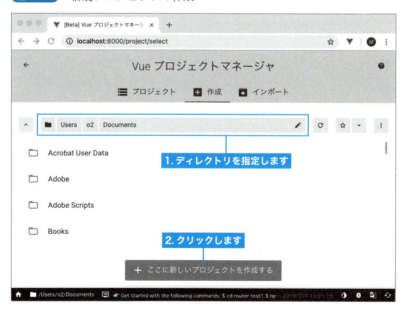

3. プロジェクト名を入力して「次へ」ボタンをクリックします。

図7-2-3　プロジェクト名の入力

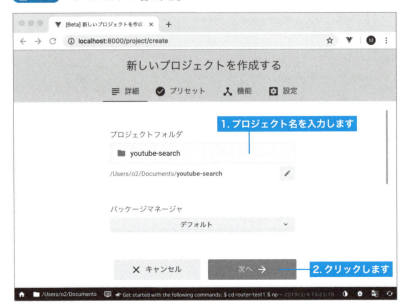

4. プリセットの選択画面で「デフォルトプリセット」を選択して、「プロジェクトを作成する」ボタンをクリックします。

図7-2-4　デフォルトプリセットを選択してプロジェクトを作成

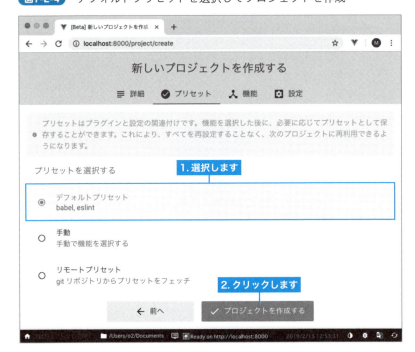

以上で、youtube-searchプロジェクトが作成されます。

モジュールを追加する

YouTube動画検索アプリでは、外部ライブラリとして**axios**と**Bootstrap**を使用しています。Lesson 6-2「YouTube動画検索アプリの作成」では、それらをCDN経由で利用していましたが、Vue CLI 3で開発を行う場合には、**npm**を使用してNode.jsのモジュールとしてインストールできます。

コマンドラインでプロジェクトのディレクトリに移動して、次のように「**npm install**」コマンドを実行して2つのモジュールをインストールします。

```
npm install bootstrap Enter
npm install axios Enter
```

「npm install」コマンドでインストールされたパッケージの情報は、package.jsonおよびpackage-lock.jsonに追加されるんだ。

他の人が、必要なモジュールをセットアップする場合に、プロジェクトのディレクトリで

```
npm install Enter
```

とコマンドを実行すると、package.json（package-lock.json）に登録されているモジュールを全部インストールしてくれるんですね！

7-2-2 SearchYoutubeコンポーネントの作成

それでは、**SearchYoutube**コンポーネントを作成しましょう。**src/components**ディレクトリに、次のようなシングルファイルコンポーネントのファイル「**SearchYoutube.vue**」を保存します。

● SearchYoutube.vue

```
1   <template> ❶
2     <div class="hello">
3       <h1>{{ msg }}</h1> ❷
4       <input v-model="keyword" placeholder="検索キーワードを入力">
5       <button @click="searchMovies">検索</button>
6
7       <table class="table" v-show="results">
8         <tr>
9           <th>#</th>
10          <th>ムービー</th>
11          <th>情報</th>
12        </tr>
13        <tr v-for="(movie, index) in results" v-bind:key="movie.id.videoId">
14          <td>{{ index + 1 }}</td>
15          <td>
16            <a v-bind:href="'https://www.youtube.com/watch?v=' + movie.id.videoId">
17              <img width="320" height="180" v-bind:src="movie.snippet.thumbnails.medium.url">
18            </a>
19          </td>
20          <td>
21            <b>{{ movie.snippet.title }}</b>
22            <br>
23            <span class="desc">
24              {{
25              movie.snippet.description
26              }}
27            </span>
28          </td>
29        </tr>
```

次ページへ

```
30        </table>
31      </div>
32    </template>
33
34    <script>
35    import axios from 'axios'; ❸
36    import 'bootstrap/dist/css/bootstrap.min.css'; ❹
37
38    export default { ❺
39      name: "SearchYoutube",
40      data: function() { ❻
41        return {
42          results: null,
43          keyword: "Giulietta Machine",
44          params: {
45            q: "", // 検索文字列
46            part: "snippet",
47            type: "video",
48            maxResults: "10", // 最大検索数
49            key: "API キーを設定 "
50          }
51        };
52      },
53      props: { ❼
54        msg: String
55      },
56      methods: {
57        searchMovies: function() {
58          this.params.q = this.keyword;
59          var self = this;
60          axios                                              ❽
61            .get("https://www.googleapis.com/youtube/v3/search", {
62              params: this.params
```

次ページへ

```
63        })
64        .then(function(res) {
65          self.results = res.data.items;
66        })
67    }
68   }
69 };
70 </script>
71
72 <style scoped>
73 .desc {
74   color: gray;  ❾
75 }
76 </style>
```

　HTMLテンプレートは、❶のtemplate要素として記述しています。内容は❷でmsgプロパティを表示している以外は以前のものと同じです。

　script要素では、❸❹でaxiosとbootstrapのCSS部分を読み込んでいます。❺の「export default」でコンポーネントのインスタンスを定義しています。コンポーネント化したことで、❻のdataは関数の戻り値としている点に注意してください。

　また、新たに❼のpropsで、タイトルとして表示するテキストであるmsgプロパティを登録しています。

　❽のaxiosを使用して検索結果をresultsプロパティに格納しています。なお、ESLintの初期設定ではconsole.log()メソッドがあるとエラーが表示されるため、ここではcatch()メソッドによるエラー処理を省略しています。

　❾でスタイルシートを記述しています。

シングルファイルコンポーネント化するといっても、意外に変更点は少ないわね。

しかも、Visual Studio Codeのようなエディタでは、HTMLテンプレート部分が色分けされて表示されるのでわかりやすいね！

App.vue

続いてApp.vueを変更して、SearchYoutubeコンポーネントを読み込むようにします。

●App.vue

```
1  <template>
2    <div id="app">
3      <SearchYoutube msg="YouTube動画検索 "/>  ❶
4    </div>
5  </template>
6
7  <script>
8  import SearchYoutube from './components/SearchYoutube.vue'  ❷
9  export default {
10   name: 'app',
11   components: {
12     SearchYoutube  ❸
13   }
14 }
15 </script>
```

template要素では❶でSearchYoutubeコンポーネントを使用して、msg属性にタイトルとして"YouTube動画検索"を渡しています。script要素では、❷のimport文でSearchYoutube.vueを読み込んで、❸でコンポーネントとして登録しています。

7-2-3　GUI管理ツールでビルドを実行する

　Lesson 7-1では、開発用のビルドと実行には「`npm run serve`」コマンドを使用しましたが、GUI管理ツールを使用しても同じことが行えます。それには「タスク」パネルから「serve」の「タスクの実行」ボタンをクリックします。

図7-2-5　GUI管理ツールでのビルド

　以上で完了です。Webブラウザで「http://localhost:8080/」にアクセスしてみましょう。テキストボックスにキーワードを入力して「検索」ボタンをクリックすることで、動画検索が行えることを確認しましょう。

> 図7-2-6　http://localhost:8080/へアクセスして動画検索

GUI管理ツールを使用して
プロダクション用のビルドも行えるのかしら？

「タスク」パネルで「build」を選択して「タスクの実行」ボタンをクリックすればOKだよ。

Lesson 7-3 シングルページアプリケーションを作成するために
Vue RouterとVuexを使ってみよう

Vue.jsにはシングルページアプリケーションの作成を手助けする拡張ライブラリとして、「Vue Router」と「Vuex」が用意されています。最後の節では、それらの概要と基本的な使い方について説明しましょう。

いよいよ最後のLessonね！

ついに、ここまで！最後まで頑張ろう。

7-3-1 Vue Routerによるルーティングについて

非シングルページアプリケーションでは、リクエストされたURLに応じてHTMLファイルを切り替えことでWebページを遷移していました。それに対して、単一のWebページから構成される**シングルページアプリケーション**では、URLに応じて受け渡し先（Vue.jsの場合はコンポーネント）を切り替える**ルーティング**という仕組みを使用して画面遷移を行います。

Vue Routerモジュールのインストール

ルーティングを行うには **Vue Router** モジュールが必要です。あらかじめrouter-test1というプロジェクトを作成してあるものとして、それにVue Routerをインストールするには、GUI管理ツールで「プラグイン」ページを表示して「Vue Routerを追加」をクリックします。

図7-3-1 Vue Routerモジュールのインストール

　以上で、プロジェクトにVue Routerモジュールが追加されサンプルファイルが更新されます。

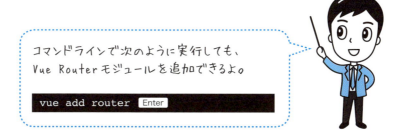

Vue Routerの動作を確認する

　「**npm run serve**」コマンドを実行してVue Routerの動作を確認してみましょう。サンプルページの上部には、「Home」と「About」というリンクが追加されています。

図7-3-2　Vue Routerの動作確認

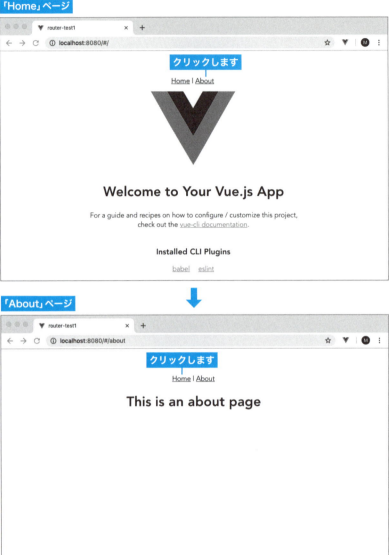

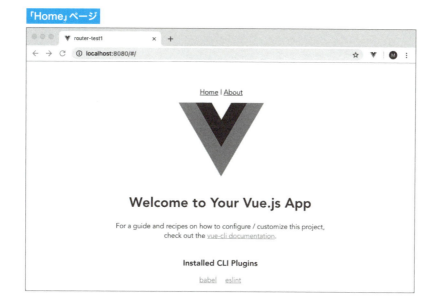

「Home」ページ

アドレスの後ろに「#」が見えるけど…

ルータで仮想ページを表示する仕組みとして、「#」を使用して仮想ページのアドレスを表す「ハッシュモード」と、通常のURLのようにアクセス可能な「ヒストリモード」があるんだ。ヒストリモードを使用するには、Webサーバ側の設定が必要になる。そのためGUI管理ツールでVue Routerを追加した場合、デフォルトでハッシュモードになるんだ。

7-3-2 Vue Routerの仕組みについて

　Vue Routerによるルーティングの仕組みはシンプルです。まず、**router-link**コンポーネントによりリンク先を指定して、**router-view**コンポーネントに対応するシングルファイルコンポーネントを表示します。

　App.vueを確認すると、id属性が「**nav**」の、次のようなナビゲーション用divエレメントが用意されています。

●App.vue（一部）

```
<div id="nav">
  <router-link to="/">Home</router-link> | ❶
  <router-link to="/about">About</router-link> ❷
</div>
<router-view/> ❸
```

❶が router-link 要素が「/」へのリンク、❷が router-link 要素が「/about」へのリンクとなります。❸の router-view 要素に選択したコンポーネントが描画されます。

ルーティングを管理するRouterオブジェクト

router-link コンポーネントで設定されたリンク先がどのコンポーネントに対応するかは、Router オブジェクトで設定します。次に、Vue Router モジュールをインストールすることでプロジェクトに追加された router.js を示します。

router.js の内部では、Router オブジェクトを生成してモジュールとしてエクスポートしています。

●router.js

```
1  import Vue from 'vue'
2  import Router from 'vue-router'
3  import Home from './views/Home.vue'
4
5  Vue.use(Router)
6
7  export default new Router({
8    routes: [  ❶
9      {
10       path: '/',
11       name: 'home',        ❷
12       component: Home
13     },
14     {
15       path: '/about',
```

次ページへ

```
16        name: 'about',
17        // route level code-splitting
18        // this generates a separate chunk (about.[hash].js) for this route
19        // which is lazy-loaded when the route is visited.
20        component: () => import(/* webpackChunkName: "about" */ './views/About.vue')
21      }
22    ]
23  })
```

パスとコンポーネントの対応は、❶のroutes配列の要素に次の形式のオブジェクトとして設定します。

```
{
  path: 'パスを指定',
  name: '名前',
  component: 'コンポーネント名'
}
```

❷が「/」（ルート）にアクセスされた場合にHomeコンポーネントを表示する指定です。❸が「/about」にアクセスされた場合にAboutコンポーネントを表示する指定です。

❸に関しては、Code Splittingという機能を使用して、アクセスされた時点で非同期にコンポーネントをロードしているんだ。

なんで？

コンポーネントファイルの保存場所

ルータから呼び出されるシングルファイルコンポーネントのファイルは、**src/views** ディレクトリにまとめられています。

●シングルファイルコンポーネントのファイル格納場所

ファイル／ディレクトリ	説明
src	
└ views	
├ **Home.vue**	Homeコンポーネント
└ **About.vue**	Aboutコンポーネント

7-3-3 Vuexオブジェクトでデータを共有する

コンポーネント間のデータの受け渡しには、プロパティ(**props**)やイベント(**\$emit**)を使用することはLesson 5-3「カスタムコンポーネントを活用する」で説明しました。シンプルなVueアプリケーションの場合それらで事足りますが、複雑なシングルページアプリケーションにおいては、特にコンポーネントの階層が深くなってくると煩雑になりがちです。

Vue.jsには、データをコンポーネントとは別のオブジェクトとして用意して、複数のコンポーネントで共有する**Vuex**が拡張ライブラリとして用意されています。

図7-3-3　Vuex

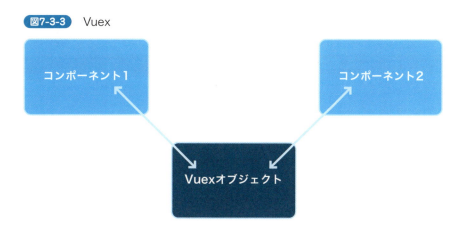

なお、**Vuex** は大規模なシングルページアプリケーションに適した機能です。逆に、シンプルなアプリケーションではVuexを使用すると、コードが冗長になりがちです。ここではごく基本的な機能に絞って解説しましょう。

Vuexモジュールのインストール

GUI管理ツールでVuexをインストールするには、「プラグイン」ページで「Vuexを追加」ボタンをクリックします。

図7-3-4　Vuexモジュールのインストール

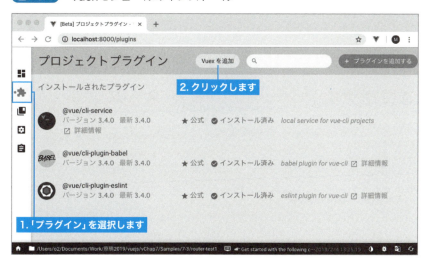

あるいは、コマンドラインで次のようにコマンドを実行してもインストールできます。

```
vue add vuex [Enter]
```

Vuexのデータを管理するstore.js

Vuexモジュールのインストールが完了すると、srcディレクトリにVuexのデータを管理するJavaScriptファイル「**store.js**」の雛形が保存されます。

● store.js

```
import Vue from 'vue'
import Vuex from 'vuex'

Vue.use(Vuex)

export default new Vuex.Store({
  state: {

  },      ❶
  mutations: {

  },      ❷
  actions: {

  }       ❸
})
```

❶の**state**では、Vueで管理するデータを登録します。❷の**mutations**ではデータを変更するメソッドを定義します。❸の**actions**はmutationsと似ていますが、非同期処理が可能です。

他のコンポーネントとからVuexオブジェクトにアクセスするには

次に、**main.js**を見てみましょう。

●main.js

```
import Vue from 'vue'
import App from './App.vue'
import router from './router'
import store from './store' ❶

Vue.config.productionTip = false

new Vue({
  router,
  store, ❷
  render: h => h(App)
}).$mount('#app')
```

❶でstore.jsを読み込んでいます。❷でルートVueインスタンスにstoreを登録しています。これで、他のコンポーネントの算出プロパティやメソッドなどから、Vuexオブジェクトのstateのデータには次の形式でアクセスできます。

`this.$store.state.データ名`

また、mutationsのメソッドは、次のようにcommit()メソッド経由で呼び出せます。

`this.$store.commit('メソッド名')`

7-3-4 Vuexを使ってみよう

ここでは、シンプルな例として、stateのデータとしてmessageを登録して、mutationsではmessageを変更するchangeMsg()メソッドを定義してみましょう。

●store.js（一部）

```
export default new Vuex.Store({
```

次ページへ

```
    state: {
      message: " こんにちは " ❶
    },
    mutations: {
      changeMsg(state){ ❷
        state.message = " さようなら "
      }
    },
    actions: {

    }
  })
```

❶でstateにmessageを定義して、"こんにちは"に設定しています。❷でmutationsでchangeMsg()メソッドを定義して、messageを"さようなら"に変更しています。

Vuexオブジェクトにコンポーネントからアクセスする

続いてVuexオブジェクトに、HomeコンポーネントとAboutコンポーネントからアクセスするように変更してみましょう。

● リスト:Home.vue

```
<template>
  <div class="home">
    <h1>{{ storedMsg }}</h1> ❶
    <button @click="changeMsg"> メッセージを変更 </button> ❷
  </div>
</template>

<script>
export default {
  name: 'home',
  computed: {
    storedMsg(){
      return this.$store.state.message ❸
```

次ページへ

```
      }
    },
    methods: {
      changeMsg(){
        this.$store.commit('changeMsg')   ❹
      }
    }
  }
</script>
```

Home.vueでは、❸でstoredMsg算出プロパティを定義して、「this.$store.state.message」によりmessageの値を戻しています。

❹でchangeMsg()メソッドを定義して、commit()メソッドによりmutationsのchangeMsg()を呼び出しています。

❶でマスタッシュ構文によりstoredMsg算出プロパティの値を表示しています。❷でボタンがクリックされたらchangeMsg()メソッドを呼び出しています。

❸❹の関数の指定はちょっと不思議な感じ。

ES2015で新たに用意されたオブジェクトリテラルの簡略形だね。❸は基本的に次のように記述したのと同じだ。

```
storedMsg: function() {
    return this.$store.state.message
}
```

● About.vue

```
<template>
  <div class="about">
    <h1>{{ storedMsg }}</h1>   ❶
  </div>
</template>
```

```
<script>
export default {
  name: 'about',
  computed: {
    storedMsg(){
      return this.$store.state.message    ❷
    }
  },
}
</script>
```

About.vueでは、❷でstoredMsg算出プロパティを用意して、messageの値を戻しています。❶でそれをマスタッシュ構文で表示しています。

実行結果を確認する

「**npm run serve**」コマンドを実行して、結果を確認してみましょう。まず、初期状態では「Home」ページと「About」ページに、Vuexオブジェクトの**state**に登録したmessageの値である「こんにちは」が表示されます。

図7-3-5 実行結果の確認

「Home」ページ

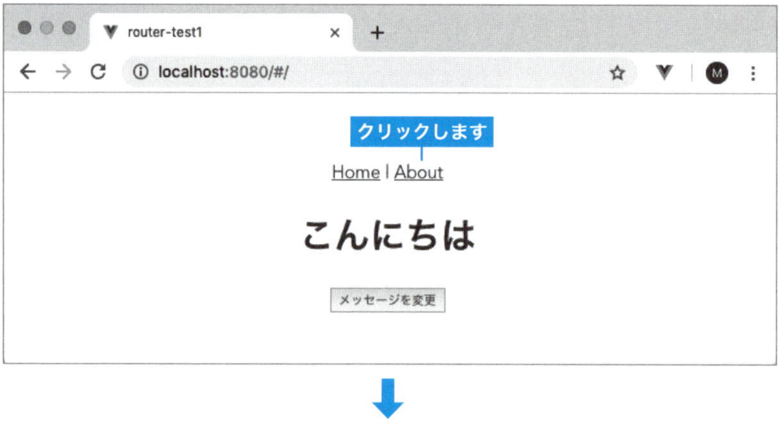

「About」ページ

「Home」ページに戻り「メッセージを変更」ボタンをクリックすると、messageが「さようなら」に変更されます。「About」ページでもmessageが「さようなら」に変更されていることを確認しましょう。

図7-3-6　メッセージを変更

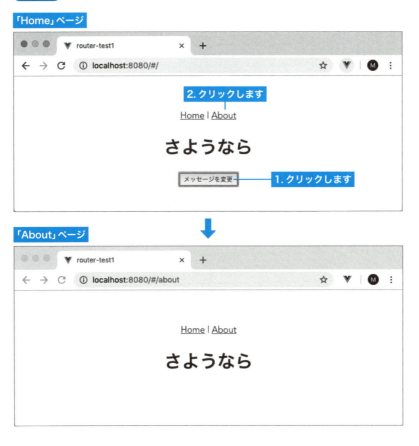

ちょっとしたデータを管理するだけのために Vuex を使うのにはちょっと面倒くさそうな...

そうだね。シンプルな Vue アプリケーションの場合には、Vuex なしで props と $emit() メソッドでデータを受け渡すだけで問題ないよ。それと、Vuex にはここで紹介した以外にも、様々な機能があるんだ。詳しいマニュアルがあるので参照してみて。

https://vuex.vuejs.org/ja/

は〜い。その前に Vue.js の基本をきちんとマスターしなくちゃね。それと ES2015 をもっと勉強しよう！

INDEX

記号

+	57
++	58
.lazy	156
.number	158
.trim	51
.vue	23, 306
<script>	17, 24
<span>	66
<transition>タグ	222
<transition-group>	234
@keyframes	218
@click	45, 64
$emit	340
$emit()	256, 259
$emit()メソッド	253
$event	146
|	209

A～B

addComma	213
Ajax	274
alt	75
Angular	10
animation	221
APIキー	290
app	31
App.vue	317, 337
Atom	18
axios	274, 275, 296, 302, 327
Babel	11, 304, 307
Bootstrap	125, 281, 288, 327
Brackets	18
button	40

C～D

c	173
canvas	191
CDN	17, 24, 25
change	156
checkbox	163
class属性	86
clearAll()	200
Code	23
commit()	343
component()	238
components	240, 317
computed	94, 242
created()関数	186
CSS	11
data	242, 248, 276
Date	59

deep	188
display	112
dist	323
DOM	13
DOMツリー	13

E～G

ECMAScript	12
Enterフェーズ	220, 221
ES2015	11, 12
ES2015+	12, 304
ESLint	307
export default	307
false-value	164
filter()	132, 212
filters	207, 212
floor()	59, 74
get	275
get()	296
getContext()	191
getFullYear()	59
getItem()	183
Git	302
GitHub	302
Google Chrome	19
GUI管理ツール	320

H～K

handler	188
height	75
HelloWorld.vue	317
href	69
HTML	11
HTML5	29
HTMLテンプレート	238
HTTP	275
imageAttrs	75, 76
img	71, 75
index.html	314
input	155, 156, 160, 163
items	296
JavaScript	11
join()	58
JSON	183, 276
JSON.parse()	183
JSON.stringify()	183
JSON形式	274
key	125, 234

L～N

Leaveフェーズ	220, 221
li	122
Line	193
lines	193
Live Server	22

localStorageオブジェクト	182
main.js	315, 342
Math	59
methods	242
mousemove	192
multiple	169
mutations	343
name	227
name属性の値-	227
nav	337
new	26
node -v	309
Node.js	11, 304, 305, 306, 308
npm	306, 309, 327
npm install	327
npm run serve	319, 323, 332, 335, 346
num	59

O〜R

opacity	221, 222
Open with Live Server	22
option	167
params	296
Point	193
points	193
pop()	128
PowerShell	305
Prettier	23
Promise	274
props	248, 253, 340
push()	128
radio	160
random()	74
React	10
redraw()	200
Router	338
router.js	338
router-link	337, 338
router-view	337

S〜T

script	275
select	169
set()	127, 131
setItem()	182
slot	246
sort()	133
sortedByAgeCustomers	135
SPA	308
split()	58
src	71, 75, 76
src/views	340
state	343, 346
store.js	342

String	58
style	77, 307
sudo	309
tag	234
template	238, 245, 307
todoリスト	174
toGoogle	69
transform	222
transition	216, 221, 227
transitionコンポーネント	222
transition-group	234
true	188
true-value	164
type	160, 163

U〜V

undo()	200
v-	227
v-bind	75, 125, 250
v-bind:class	86, 90
v-bind:href	69
v-bind:style	83
v-bindディレクティブ	68
v-bind:属性値	70, 251
v-bind:属性名="値"	250
v-else	113
v-else-if	113
v-enter-activeクラス	221
v-for	117, 120, 121, 125, 129, 132, 171
v-html	66
v-htmlディレクティブ	65
v-if	108, 111, 129, 132
v-leave-activeクラス	221
v-model	45, 47, 51, 154, 157, 158, 159, 161, 163, 165, 167
v-on	41, 138, 141, 142, 143, 144, 152, 253
v-on:click	40, 45
v-once	64
v-onceディレクティブ	63
v-show	111
value	161
Vetur	23
Visual Studio Code	18, 19
VSCode	19
vue	310
Vue CLI 3	17, 304, 305, 309, 324
vue create	311
Vue Router	308, 334
Vue.js	10, 24, 25
Vue.js Devtools	22, 52
vue.min.js	24, 25
Vuex	308, 340, 341
Vueインスタンス	26
Vueコンストラクタ	26

Vueプロジェクトマネージャ	321

W〜Y

W3C	13
watchオプション	184
Web API	288
Webpack	11, 304, 307
Webストレージ	182
width	75
XMLHttpRequests	274
YouTube	288
YouTube Data API v3	288

あ

アニメーション機能	216
イベントオブジェクト	144
イベント処理	39
インデックス	120
インラインメソッドハンドラ	139
ウオッチャ	184, 188
オブジェクト	26, 121
オブジェクト構文	77
オブジェクトリテラル	26, 31, 37

か

拡張機能	20
カスタムイベント	253
仮想DOM	37
監視するプロパティ	184
キャメルケース	78, 79, 80
キャンバス	191
キー：値	26
キーフレームアニメーション	216, 218, 231
クエリパラメータ	296
グローバル定義	212
グローバル登録	237
ケバブケース	78, 79, 80
構文	28
コマンドプロンプト	305
コンストラクタ	31
コンパイル	313
コンポーネント	237

さ

作成	325
算出プロパティ	93
識別子	80
処理	94, 184
シングルファイルコンポーネント	15, 304, 306
シングルページアプリケーション	12, 308, 334
スタイルシート	77
スロット	246
セッションストレージ	182
選択ボックス	167
双方向データバインディング	46, 154

た

ターミナル	305
チェックボックス	163
データバインディング	27, 46
ディレクティブ	41
テキストエディット	18
テンプレートリテラル	245
トランジション	216
トランジションクラス	220
トランスパイラ	307

な

日本語パック	20

は

配列構文	84
バインド	13
引数	207, 213
非シングルページアプリケーション	334
非同期通信	274
ビルド	313
フィルタ機能	206
フィルタ名	207
フォーム	45
フレームワーク	10
プログレッシブ・フレームワーク	12
プロパティ名1	94
プロパティ名2	94
ホットリロード	320

ま

マスタッシュ	28
マスタッシュ構文	56
メソッドイベントハンドラ	139
メモ帳	18
モジュールハンドラ	307
モダンブラウザ	19
戻り値	94

ら

ライフサイクル関数	186, 189
ライフサイクルフック	189
ラジオボタン	160
リアクティブ	13, 33
リアクティブシステム	60
リストレンダリング	117
ルータ	308
ルーティング	334
ルートVueインスタンス	26
ルートコンポーネント	26
ローカルストレージ	176, 182
ローカル登録	237

著者紹介

大津 真（おおつ まこと）

東京都生まれ。早稲田大学理工学部卒業後、外資系コンピューターメーカーにSEとして8年間勤務。現在はフリーランスのテクニカルライターとして活動。
主な著書に「基礎Python」（インプレス）、「3ステップでしっかり学ぶJavaScript入門」（技術評論社）「XcodeではじめるSwiftプログラミング」（ラトルズ）などがある。

●装丁＆キャラクターデザイン　植竹裕（UeDESIGN）

いちばんやさしいVue.js入門教室

2019年4月30日　初版　第1刷発行

著　者	大津真	
発　行　人	柳澤淳一	
編　集　人	久保田賢二	
発　行　所	株式会社ソーテック社	
	〒102-0072　東京都千代田区飯田橋4-9-5　スギタビル4F	
	電話（注文専用）03-3262-5320　FAX 03-3262-5326	
印　刷　所	大日本印刷株式会社	

©2019 Makoto Otsu
Printed in Japan
ISBN978-4-8007-1235-6

本書の一部または全部について個人で使用する以外著作権上、株式会社ソーテック社および著作権者の承諾を得ずに無断で複写・複製・配信することは禁じられています。
本書に対する質問は電話では受け付けておりません。また、本書の内容とは関係のないパソコンやソフトなどの前提となる操作方法についての質問にはお答えできません。
内容の誤り、内容についての質問がございましたら切手・返信用封筒を同封のうえ、弊社までご送付ください。
乱丁・落丁本はお取り替え致します。

本書のご感想・ご意見・ご指摘は
http://www.sotechsha.co.jp/dokusha/
にて受け付けております。Webサイトでは質問は一切受け付けておりません。